Continuous Crochet Motifs

无须断线！
一根线钩到底的连编花片

日本宝库社　编著

蒋幼幼　译

河南科学技术出版社
· 郑州 ·

欢迎来到连编花片的世界!

精致可爱的花片、宽大华丽的花片、五彩缤纷的花片……

只要是钩编爱好者,谁都会爱上花片拼接的作品。

包包、披肩、毯子和上衣等,越是大件的作品越感到棘手的,应该就是线头处理吧。

而能解决花片拼接过程中"线头处理"这个老大难问题的,正是连编花片!

就像画连笔画一样,连续编织未完成状态的花片,最后一气呵成的技巧让人叹为观止。

圆形、三角形、正方形、多角形,试着挑战各种各样的连编花片吧!

本书将为大家开启一个崭新的花片编织世界。

(no.1~66 的花片尺寸指的是用中细毛线和 3/0 号钩针编织时 1 个花片的大小。)

目 录

＊书中花片尺寸的直径是指正多边形外接圆或圆形的
　直径，书中为了表述简略，称为"直径"，特此说明。

六角形花片的手提包

使用no.60的花片。
运用长针的反拉针钩织花片，层层重叠的六角形浮雕状花样显得轻巧明快。圆鼓鼓的小包主体加上极粗的罗纹绳提手和流苏，充满了手工的质感。

使用线：和麻纳卡 Aprico
编织方法：p.98

4

斜挎单肩包

使用no.12的花片。
这款带侧边的单肩包由简单的正方形花片拼接而成。完全可以收纳A4纸大小的物品，日常使用非常方便。编织提手部分时，请按自己喜欢的长度进行调整。

设计：风工房
使用线：和麻纳卡 亚麻线(Linen) 30
编织方法：p.100

真丝线披肩

使用no.53的花片。
一针一针地精心编织，披肩的真丝材
质散发着高贵气息。既可以在特殊的
日子里佩戴，也可以与T恤衫或牛仔裤
等日常服饰搭配出休闲的感觉。

使用线：手织屋 Original M Silk
编织方法：p.102

梯形披肩

使用no.46的花片。

这款作品选择了鲜嫩的颜色，令人心情愉快的同时，还有提亮肤色的效果。为了方便两端打结，将花片拼接成了梯形。恰到好处的镂空和厚薄使这款披肩一年四季都可以佩戴，实用极了。

使用线：芭贝 Puppy New 3PLY
编织方法：p.103

松软的马海毛开衫

使用 no.57 的花片。
将浅蓝色开衫披在简洁的连衣裙外面，
柔软轻便。仔细确认符号图，一边编
织一边做连接。既没有边缘编织，也
无须缝合。编织一结束，作品就完成了，
真是令人惊喜的一款作品。

使用线：芭贝 Kid Mohair Fine
编织方法：p.107

牵牛花与向日葵花片套头衫

使用no.25的花片。

这款套头衫的彩色花片宛如一片花海，穿上它顿时就让人心情舒畅，精神焕发。由于配色花片是在最后一圈从头到尾地连接起来的，所以连编花片的初学者也不妨一试。

设计：风工房
使用线：和麻纳卡 中细纯羊毛
编织方法：p.104

正方形和三角形花片

Square & Triangle

正方形花片可以边对边地紧密连接，所以最适合用来编织包包和上衣了。

用三角形花片编织成围巾或披肩后，边缘呈锯齿状，给人轻巧明快的感觉。

按个人喜好选择线材和配色，编织出自己独特的作品吧！

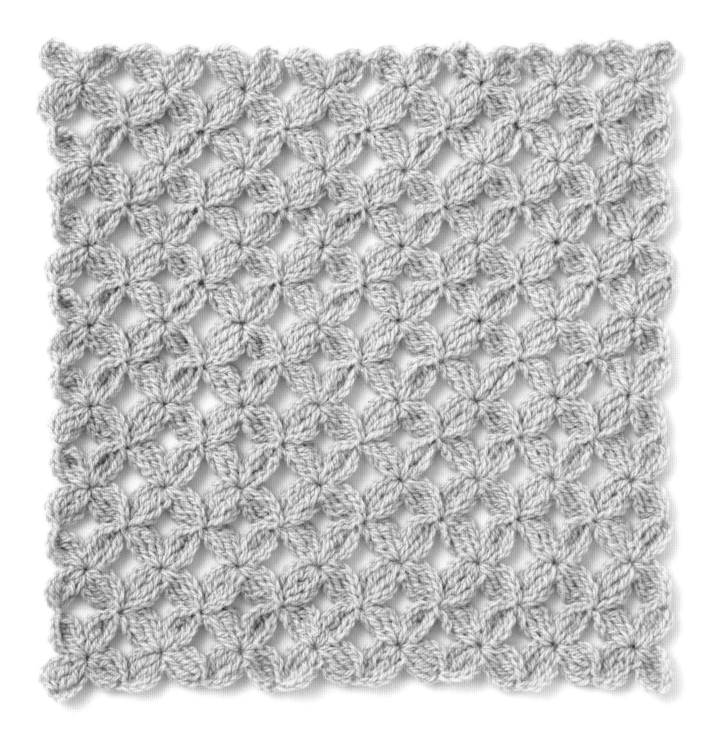

no.1

花片尺寸／边长 2.3cm

= 钩完 2 针长长针的枣形针后，从钩针上取下针目，然后将钩针从上方插入准备连接的枣形针或者引拔针的头部，再将刚才取下的针目拉出

编织方法见 p.97

= 编织方法见 p.91

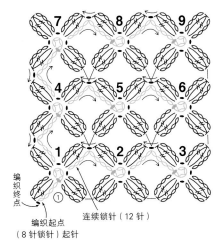

编织终点

编织起点
（8 针锁针）起针

连续锁针（12 针）

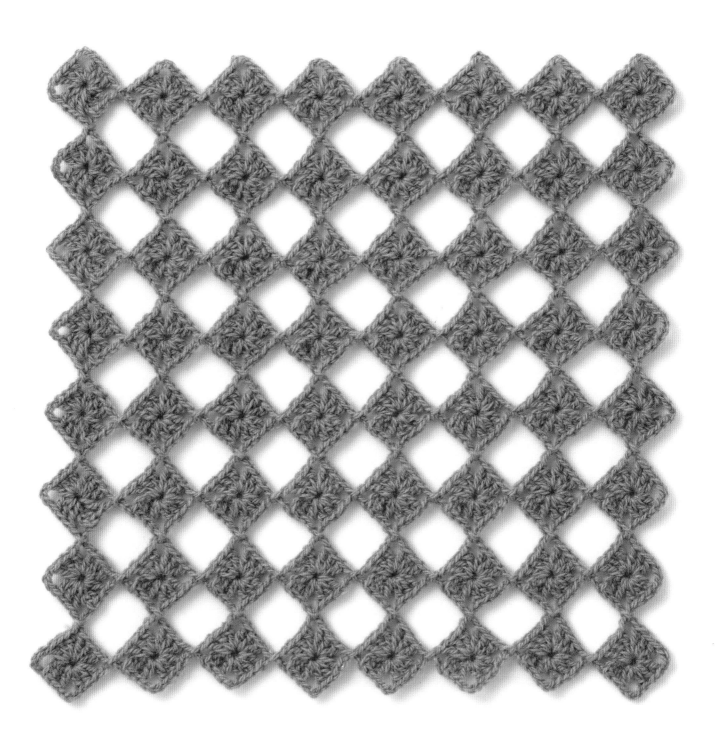

no.2

花片尺寸／边长2cm

 ＝编织方法见 p.92

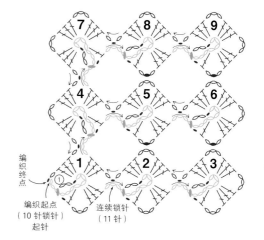

编织终点

编织起点
（10针锁针）
起针

连续锁针
（11针）

no.3

花片尺寸／边长 2cm

 ＝编织方法见 p.92

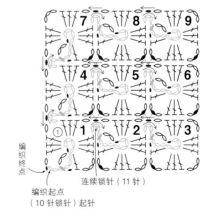

编织终点

编织起点
（10 针锁针）起针

连续锁针（11 针）

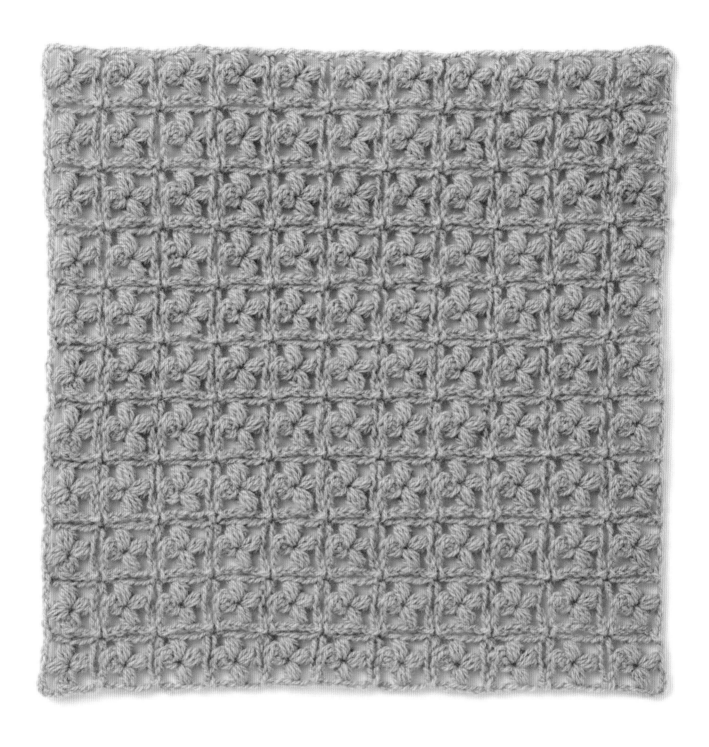

no.4

花片尺寸／边长 2cm

━ =编织方法见 p.96

编织终点

编织起点
（9 针锁针）起针

连续锁针（11 针）

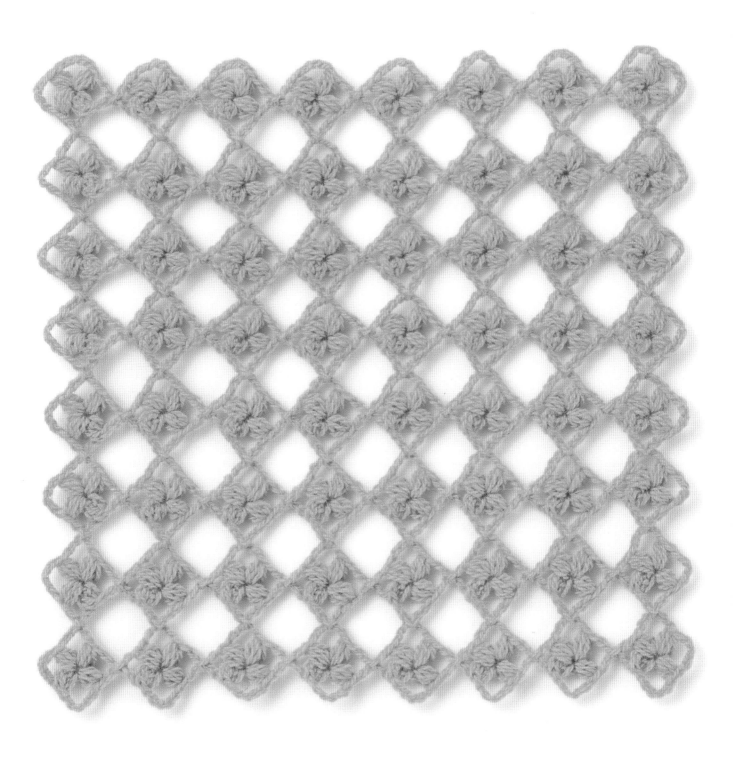

no.5

花片尺寸／边长2cm

= 编织方法见 p.96

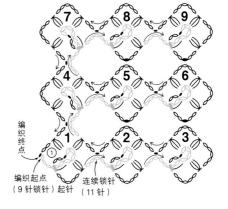

编织终点

编织起点
（9针锁针）起针　连续锁针
（11针）

no.6

花片尺寸／边长 5.3cm

◗ = 编织方法见 p.91
◗ = 编织方法见 p.91

编织终点

编织起点（17 针锁针）起针

连续锁针（18 针）

no.7

花片尺寸／边长5.3cm

配色 {
　　── =配色
　　── =底色
► = 剪线
加线
（第3圈）
编织终点
连续锁针（3针）

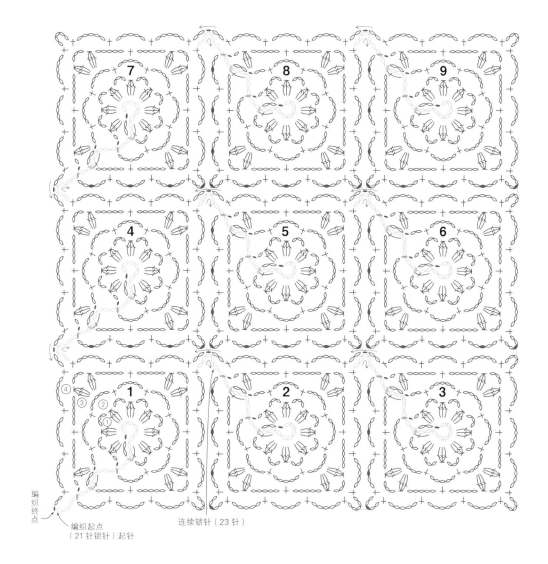

no.8

花片尺寸／边长5.7cm

= 编织方法见 p.91

= 编织方法见 p.96

编织终点

编织起点
（21针锁针）起针

连续锁针（23针）

no.9
花片尺寸／边长5.7cm

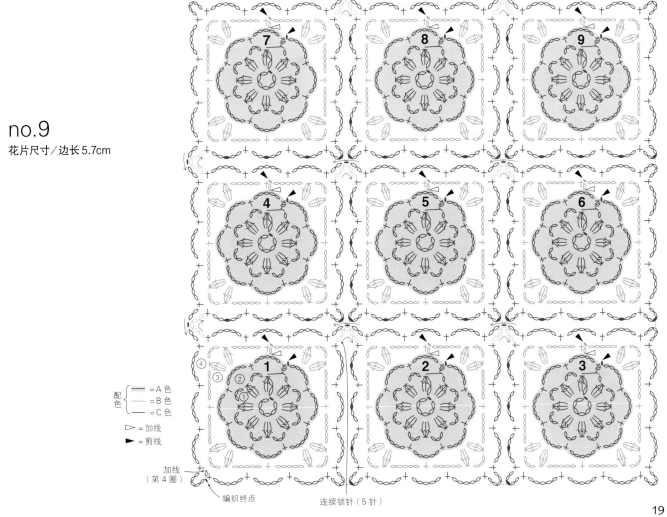

配色 { ＝A色
＝B色
＝C色

▷ ＝加线
▶ ＝剪线

加线
（第4圈）

编织终点

连续锁针（5针）

no.10

花片尺寸／边长6.5cm

- ━ =编织方法见 p.91
- ━ =编织方法见 p.96
- 🧵 =编织方法见 p.92

编织终点

编织起点
（21针锁针）起针

连续锁针（22针）

no.11

花片尺寸／边长6.5cm

 =编织方法见 p.92

配色 { —— =配色
底色 { —— =底色
► =剪线

编织终点

编织起点（第3圈）
（8针锁针）起针

连续锁针（9针）

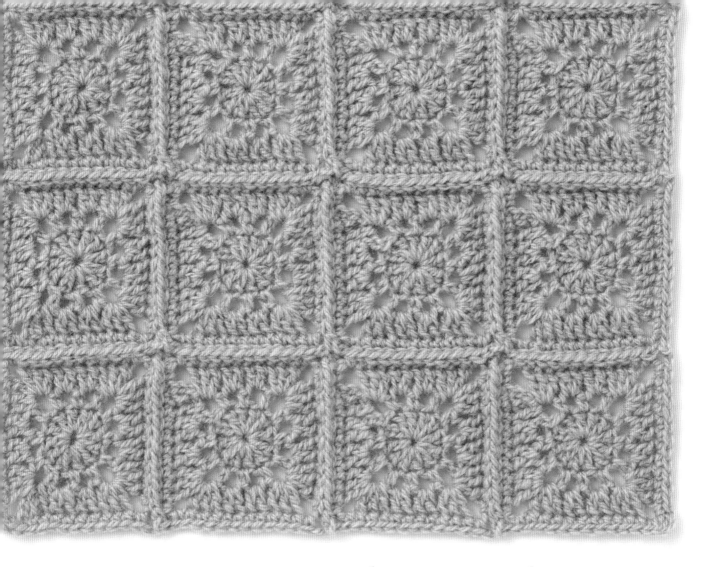

no.12

花片尺寸／边长4.7cm

 =编织方法见 p.91

 =编织方法见 p.91

 =编织方法见 p.92

+‐+ =连接2个短针的头部
　　 编织方法见 p.93

编织终点

编织起点（17针锁针）起针

连续锁针（18针）

no.13

花片尺寸／边长 4.7cm

〇 =编织方法见 p.91

十-十 =连接 2 个短针的头部
　　　编织方法见 p.93

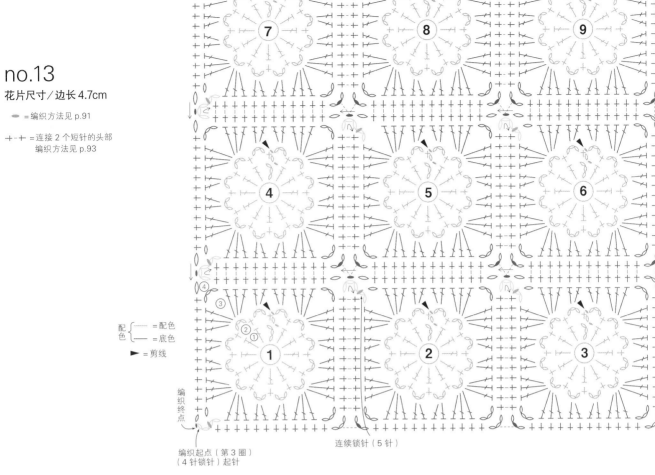

配色 { ---- =配色
　　　 —— =底色

► =剪线

编织终点

编织起点（第 3 圈）
（4 针锁针）起针

连续锁针（5 针）

no.14

花片尺寸／边长6.3cm

⬬ ＝编织方法见 p.91

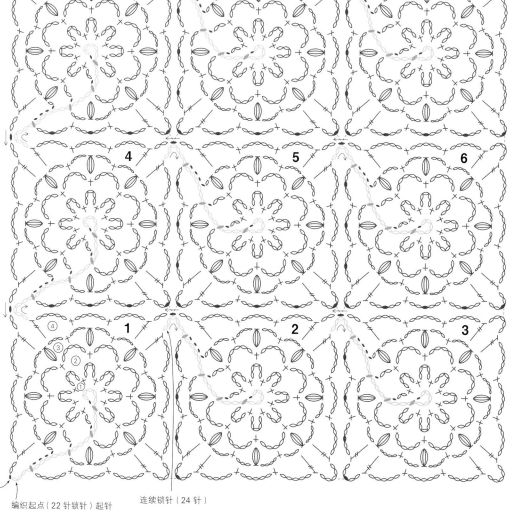

编织终点

编织起点（22针锁针）起针

连续锁针（24针）

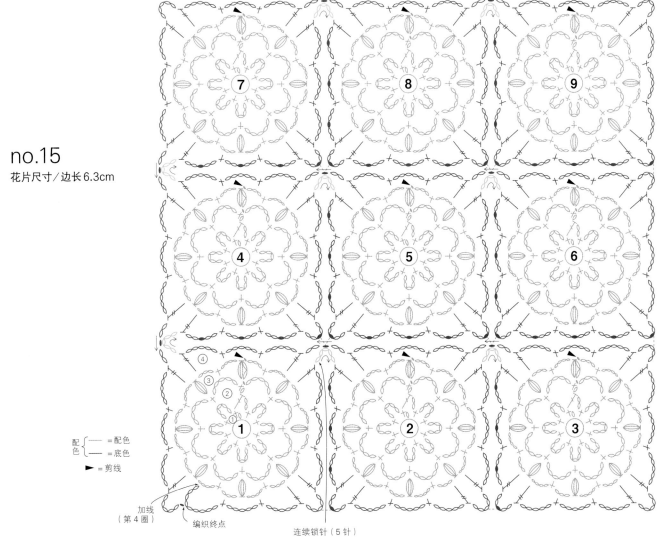

no.15

花片尺寸/边长6.3cm

配色 { ——=配色
色 { ——=底色

►=剪线

加线
（第4圈）

编织终点

连续锁针（5针）

no.16

花片尺寸/边长6.3cm

= 编织方法见 p.91

编织终点

编织起点（25针锁针）起针

连续锁针（26针）

no.17

花片尺寸/边长6.3cm

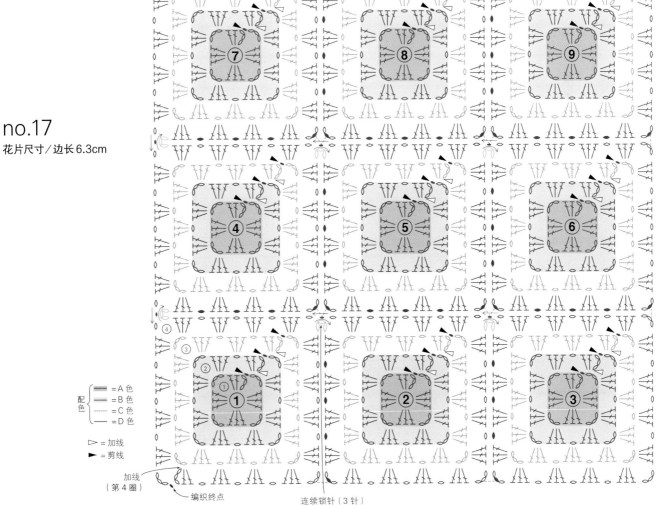

配色
= A 色
= B 色
= C 色
= D 色

▷ = 加线
► = 剪线

加线
(第4圈)

编织终点

连续锁针〔3针〕

27

no.18

花片尺寸／边长5.4cm

⬮ =编织方法见 p.91
⬮ =编织方法见 p.91
⬮ =编织方法见 p.96
🦋 =编织方法见 p.92

编织
终点

编织起点（20针锁针）起针　　连续锁针（21针）　　※第3圈的长针在前一圈的针目与针目之间插入钩针编织

no.19

花片尺寸／边长5.4cm

配色 {
=A 色
=B 色
=C 色
}

▷ = 加线
► = 剪线

（第4圈） 加线

编织终点　　　　连续锁针（3针）　　　※第3圈的长针在前一圈的针目与针目之间插入钩针编织

no.20

花片尺寸／边长 5.3cm

 ＝编织方法见 p.91

 ＝编织方法见 p.91

 ＝编织方法见 p.92

编织
终点

编织起点（21针锁针）起针

连续锁针（22针）

no.21

花片尺寸／边长5.3cm

 =编织方法见 p.91

=编织方法见 p.92

配色 {
= 配色
色 = 底色
}

▶ = 剪线

编织终点

编织起点〔第 2 圈〕
〔13 针锁针〕起针

连续锁针（14 针）

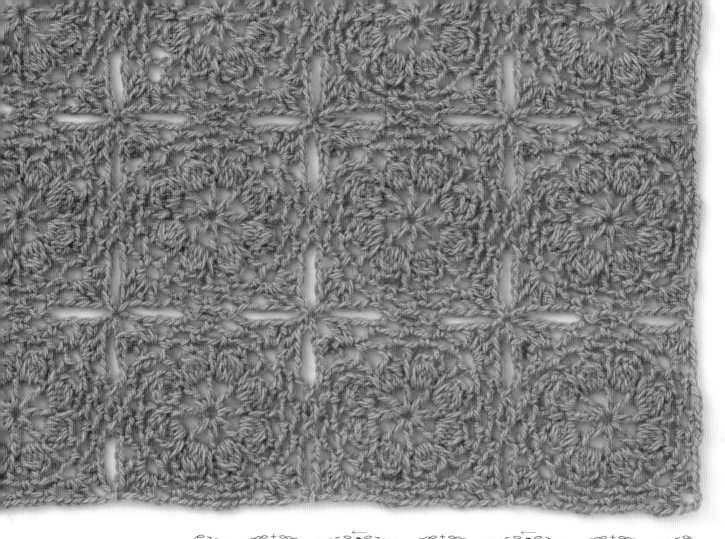

no.22

花片尺寸／边长5.7cm

 ＝编织方法见 p.91

 ＝编织方法见 p.96

 ＝编织方法见 p.92

┬ ＝将前一圈的锁针夹在中间，
在前面第 2 圈的针目里钩织长针

编织
终点

编织起点（22 针锁针）起针　　连续锁针（23 针）

no.23

花片尺寸／边长5.7cm

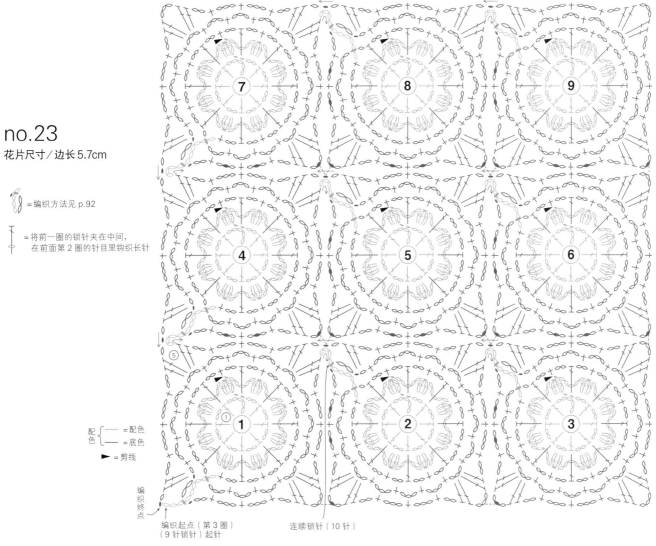

= 编织方法见 p.92

= 将前一圈的锁针夹在中间，
  在前面第 2 圈的针目里钩织长针

配色 — = 配色
色 — = 底色

► = 剪线

编织起点（第 3 圈）
（9 针锁针）起针

连续锁针（10 针）

编织终点

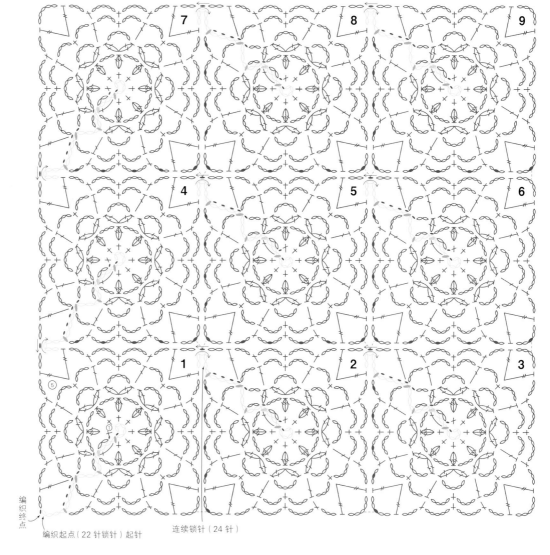

no.24

花片尺寸／边长6.8cm

- ━ =编织方法见 p.91
- ━ =编织方法见 p.91
- ━ =编织方法见 p.96

编织终点

编织起点（22针锁针）起针　　　连续锁针（24针）

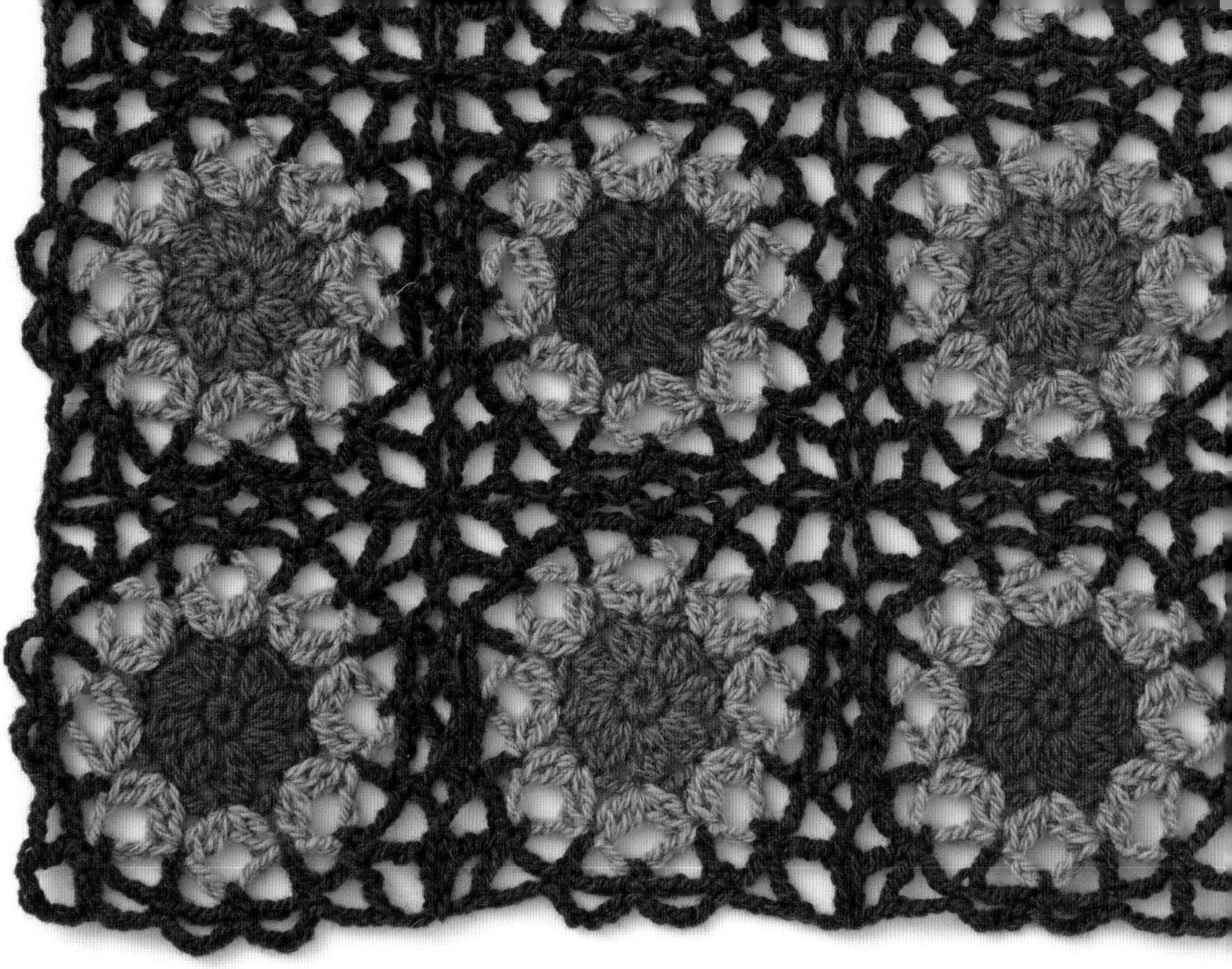

no.25

花片尺寸／边长6.8cm

⬬ ＝编织方法见 p.91

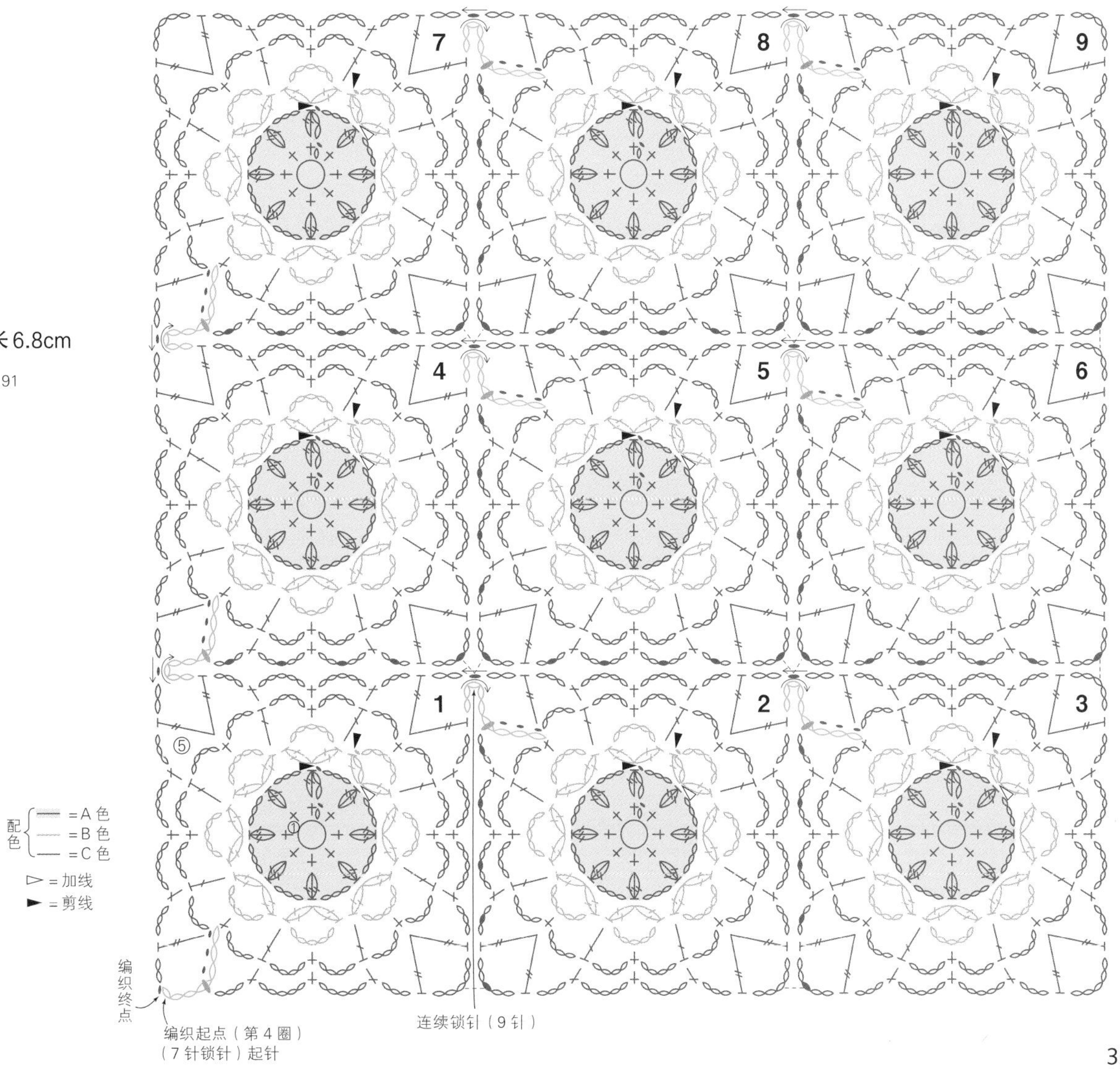

7
8
9
4
5
6
1
2
3
⑤
①
配色
＝A 色
＝B 色
＝C 色
▷＝加线
▶＝剪线
编织终点
编织起点（第 4 圈）
（7 针锁针）起针
连续锁针（9 针）

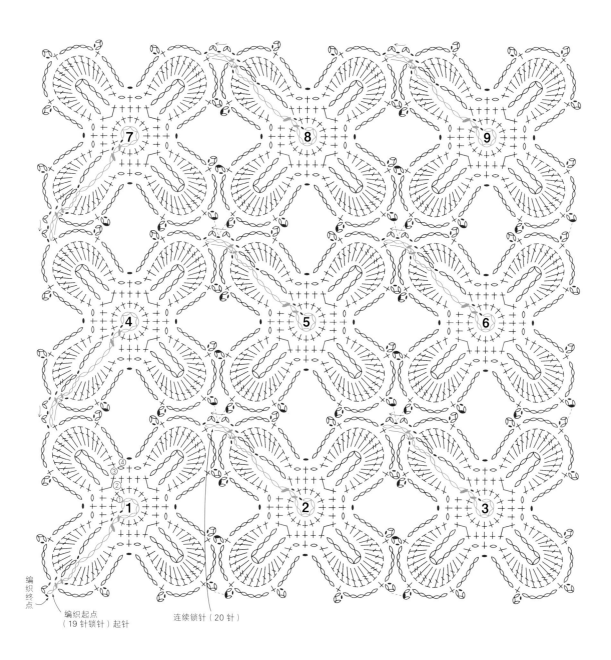

编织终点

编织起点
（19 针锁针）起针

连续锁针（20 针）

no.26

花片尺寸／边长6.5cm

 =编织方法见 p.91

 =编织方法见 p.91

=编织方法见 p.92

=3 针锁针的狗牙拉针
编织方法见 p.110

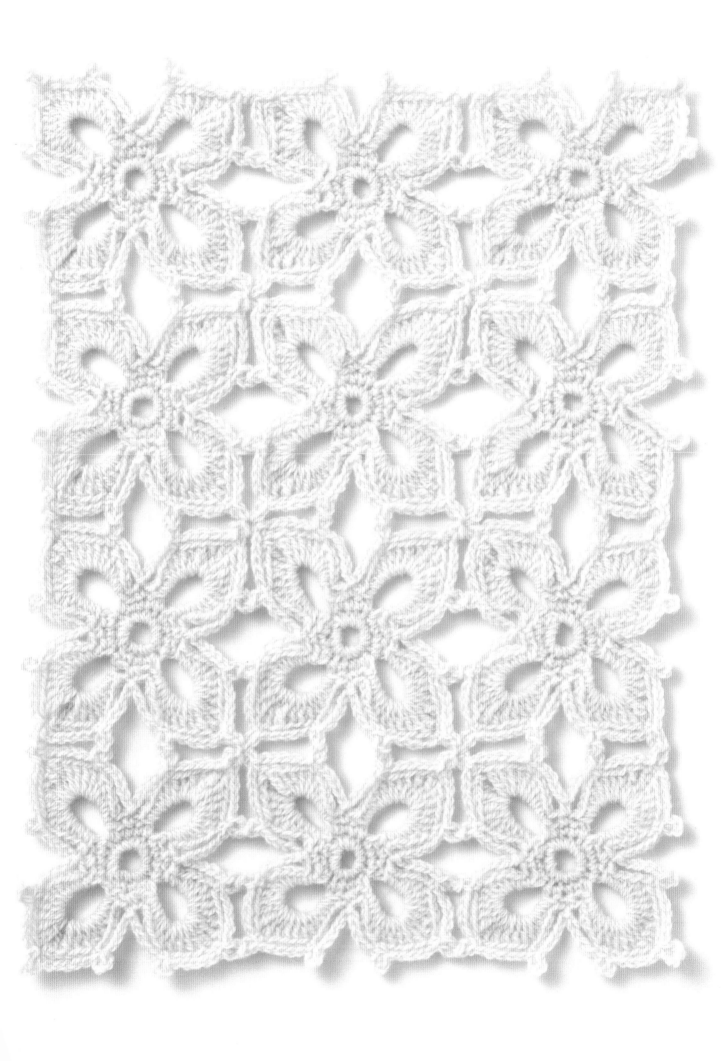

编织起点（29针锁针）起针

编织终点

连续锁针（30针）

no.27

花片尺寸／边长8cm

 = 编织方法见 p.91

= 编织方法见 p.91

= 编织方法见 p.92

编织起点（第6圈）
（10针锁针）起针
编织终点

连续锁针（11针）

配{ ----- = 配色
色{ ——— = 底色
► = 剪线

no.28（no.27的配色）

花片尺寸／边长8cm

 = 编织方法见 p.91

= 编织方法见 p.92

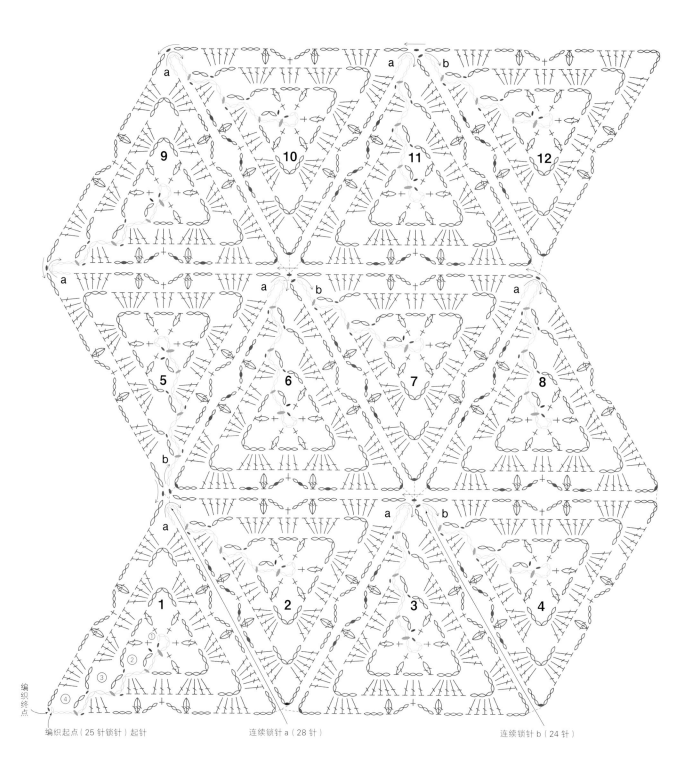

编织起点（25针锁针）起针   连续锁针 a（28针）   连续锁针 b（24针）

no.29

花片尺寸／边长9cm

＝编织方法见 p.91

＝编织方法见 p.91

 ＝编织方法见 p.92

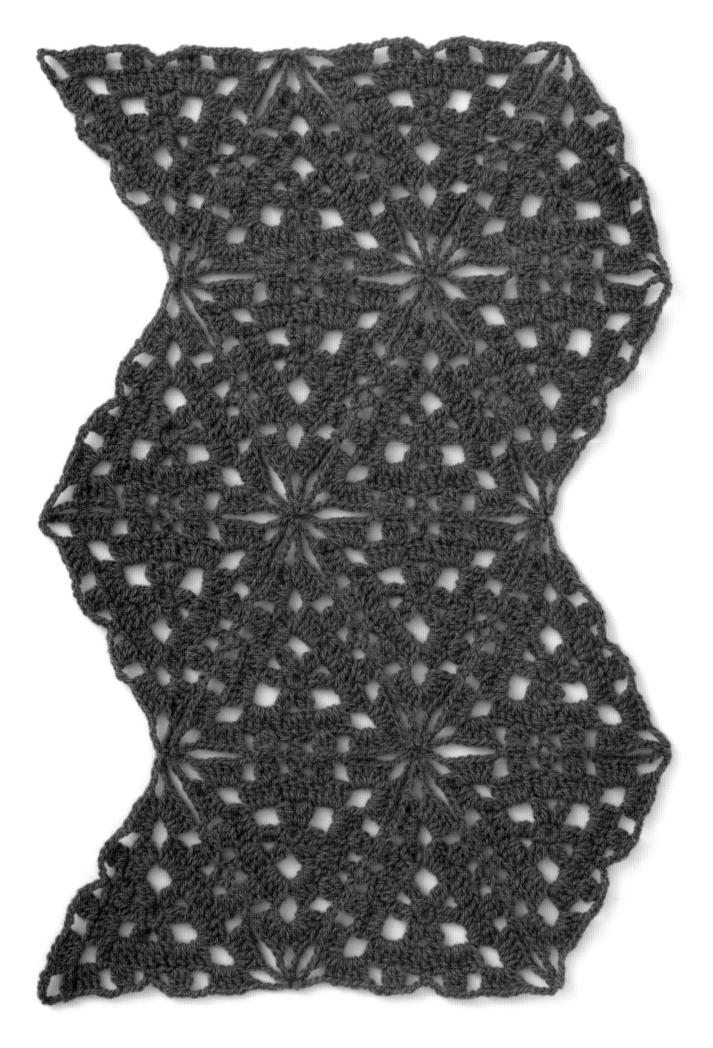

编织起点
（26 针锁针）
起针

连续锁针 a
（29 针）

连续锁针 b（25 针）

编织起点
编织终点

※第 4 圈的长针是从前一圈锁针的后侧整段挑起前面第 2 圈的锁针编织

no.30

花片尺寸／边长 10cm

= 编织方法见 p.91

= 编织方法见 p.91

= 5 针长针的爆米花针（从 1 针里挑针）
编织方法见 p.111

= 3 针锁针的狗牙拉针
编织方法见 p.110

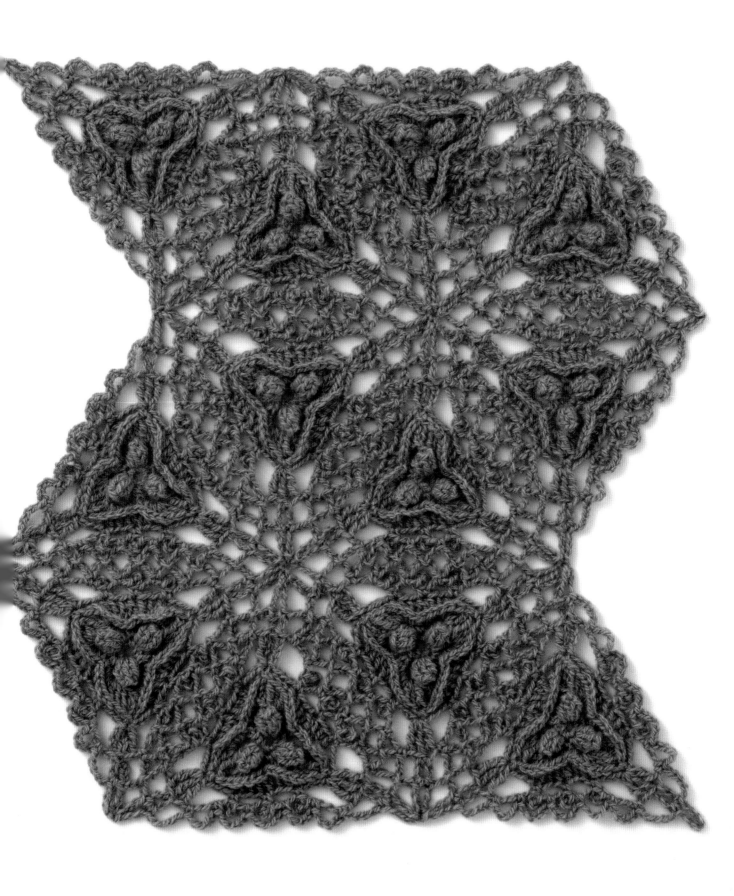

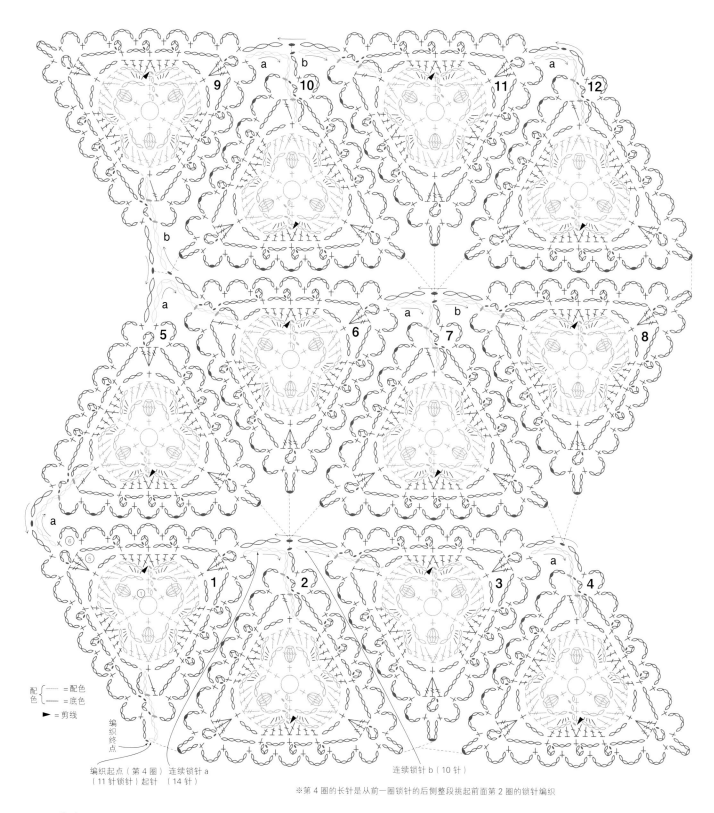

编织起点（第 4 圈）连续锁针 a
（11 针锁针）起针 （14 针）　　　　　连续锁针 b（10 针）

※第 4 圈的长针是从前一圈锁针的后侧整段挑起前面第 2 圈的锁针编织

配色 { = 配色
色 { = 底色

▶ = 剪线

编织终点

no.31（no.30 的配色）

花片尺寸／边长 10cm

= 编织方法见 p.97

= 编织方法见 p.91

= 编织方法见 p.91

= 5 针长针的爆米花针（从 1 针里挑针）
编织方法见 p.111

= 3 针锁针的狗牙拉针
编织方法见 p.110

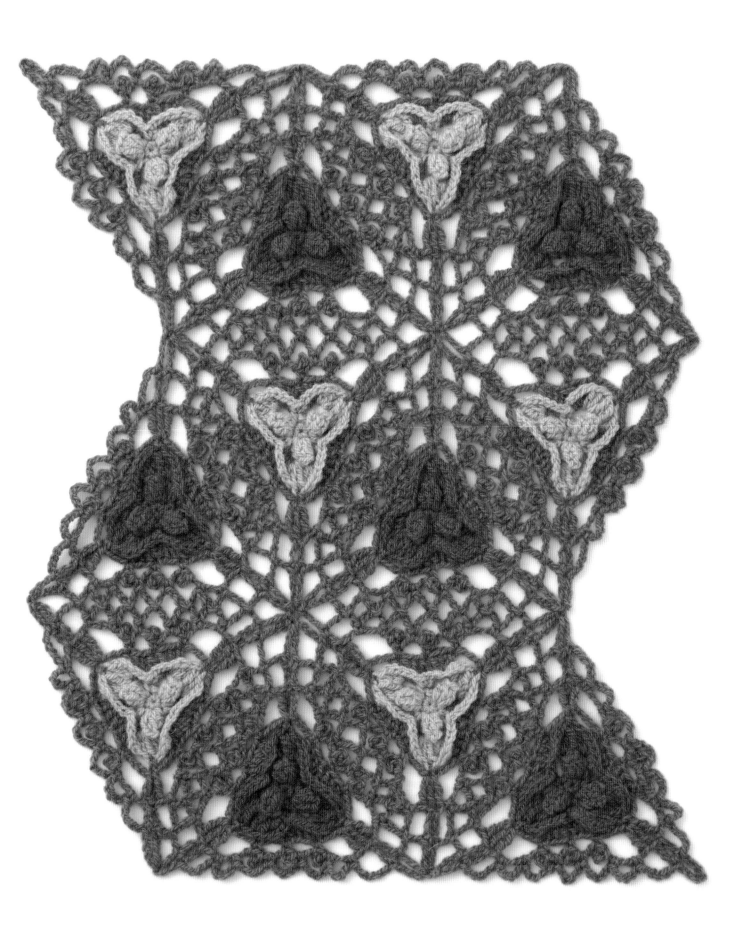

八角形和圆形花片

Octagon & Circle

将八角形花片纵向和横向连接后，在花片与花片之间会产生空隙。

如果想填补空隙，可以像 p.7 的披肩一样，加长用来连接的狗牙针。

通过改变连接位置或调整配色，圆形花片可以呈现出各种不同的效果。

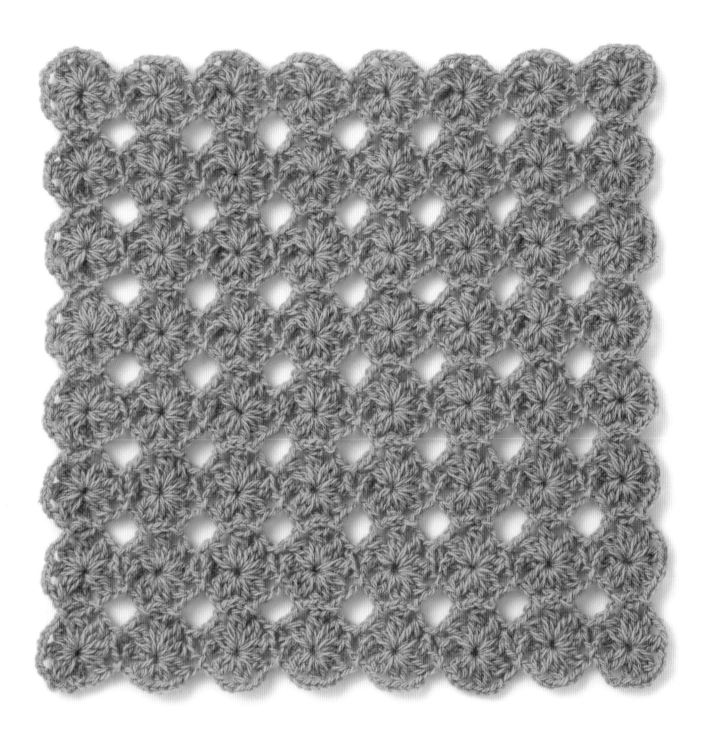

no.32

花片尺寸／直径2.4cm

⌒ =编织方法见 p.91

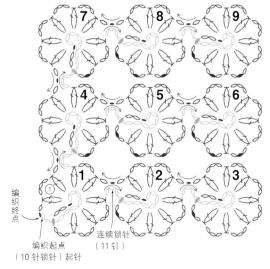

编织终点

编织起点
（10针锁针）起针

连续锁针
（11针）

no.33

花片尺寸／直径6.5cm

 ＝编织方法见 p.96

● ＝编织方法见 p.91

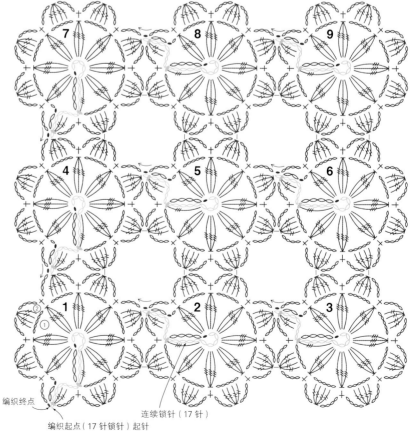 ＝钩完4针长长针的枣形针后，
从钩针上取下针目，
然后将钩针从上方插入准备连接的枣形针头部，
再将刚才取下的针目拉出

编织终点

连续锁针（17针）

编织起点（17针锁针）起针

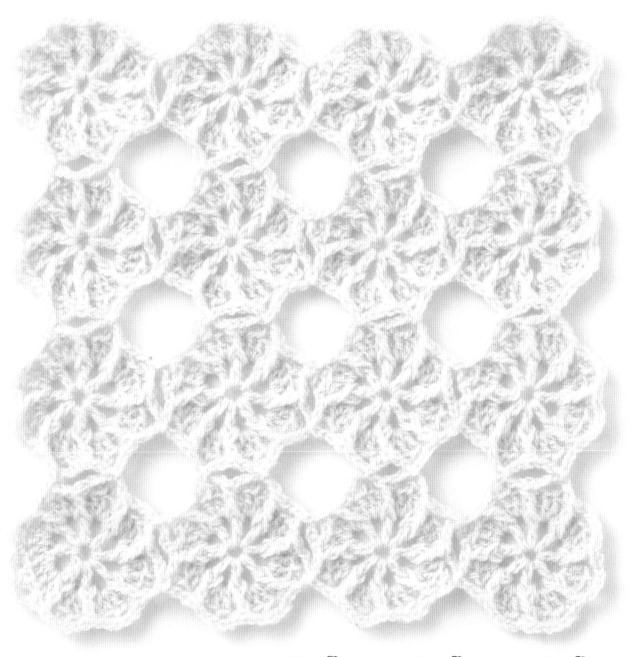

no.34

花片尺寸／直径4.6cm

- = 编织方法见 p.91
- = 编织方法见 p.91
- = 长针的正拉针
  编织方法见 p.110
- = 2 针锁针的狗牙拉针
  编织方法请参照 p.110

编织终点

编织起点
（14 针锁针）起针

连续锁针
（16 针）

no.35

花片尺寸／直径 5.7cm

=编织方法见 p.91
=编织方法见 p.96

编织终点

连续锁针
（18针）

编织起点（17针锁针）起针

no.36

花片尺寸／直径7.3cm

- ⬤ ＝编织方法见 p.96
- ⬤ ＝编织方法见 p.91
- ⬤ ＝编织方法见 p.91

编织终点

编织起点（23针锁针）起针

连续锁针
（24针）

no.37

花片尺寸／直径7cm

━ ＝编织方法见 p.91
━ ＝编织方法见 p.96

编织终点

编织起点
（23针锁针）起针

连续锁针
（26针）

no.38

花片尺寸／直径5.1cm

- = 编织方法见 p.91
- = 编织方法见 p.91
- = 编织方法见 p.96

= 3 针锁针的狗牙拉针
编织方法请参照 p.110
先钩 6 针锁针，然后在第 3 针里钩引拔针

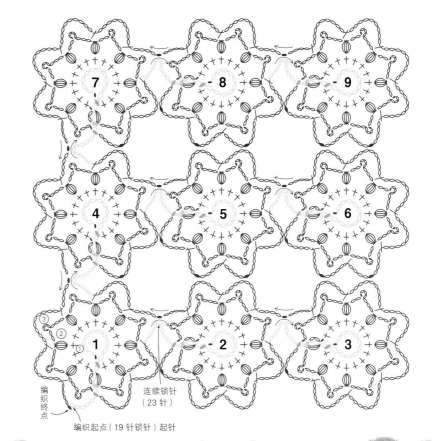

编织终点

编织起点（19 针锁针）起针

连续锁针（23 针）

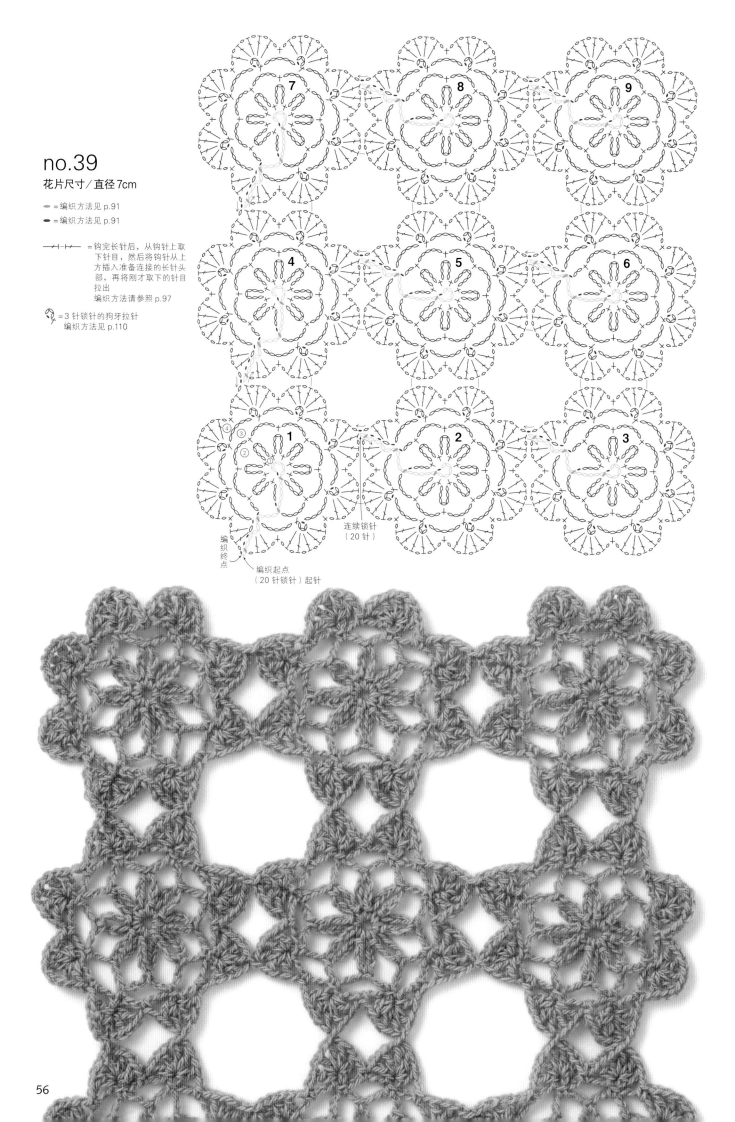

no.39

花片尺寸／直径7cm

● =编织方法见 p.91

● =编织方法见 p.91

ー┼ー┼ー =钩完长针后，从钩针上取
下针目，然后将钩针从上
方插入准备连接的长针头
部，再将刚才取下的针目
拉出
编织方法请参照 p.97

=3针锁针的狗牙拉针
编织方法见 p.110

编织终点

编织起点
（20针锁针）起针

连续锁针
（20针）

no.40

花片尺寸／直径7cm

- ⬬ =编织方法见 p.91
- ⬬ =编织方法见 p.97
- ⬬ =编织方法见 p.91

=钩完长针后，从钩针上取下针目，然后将钩针从上方插入准备连接的长针头部，再将刚才取下的针目拉出
编织方法请参照 p.97

=3 针锁针的狗牙拉针
编织方法见 p.110

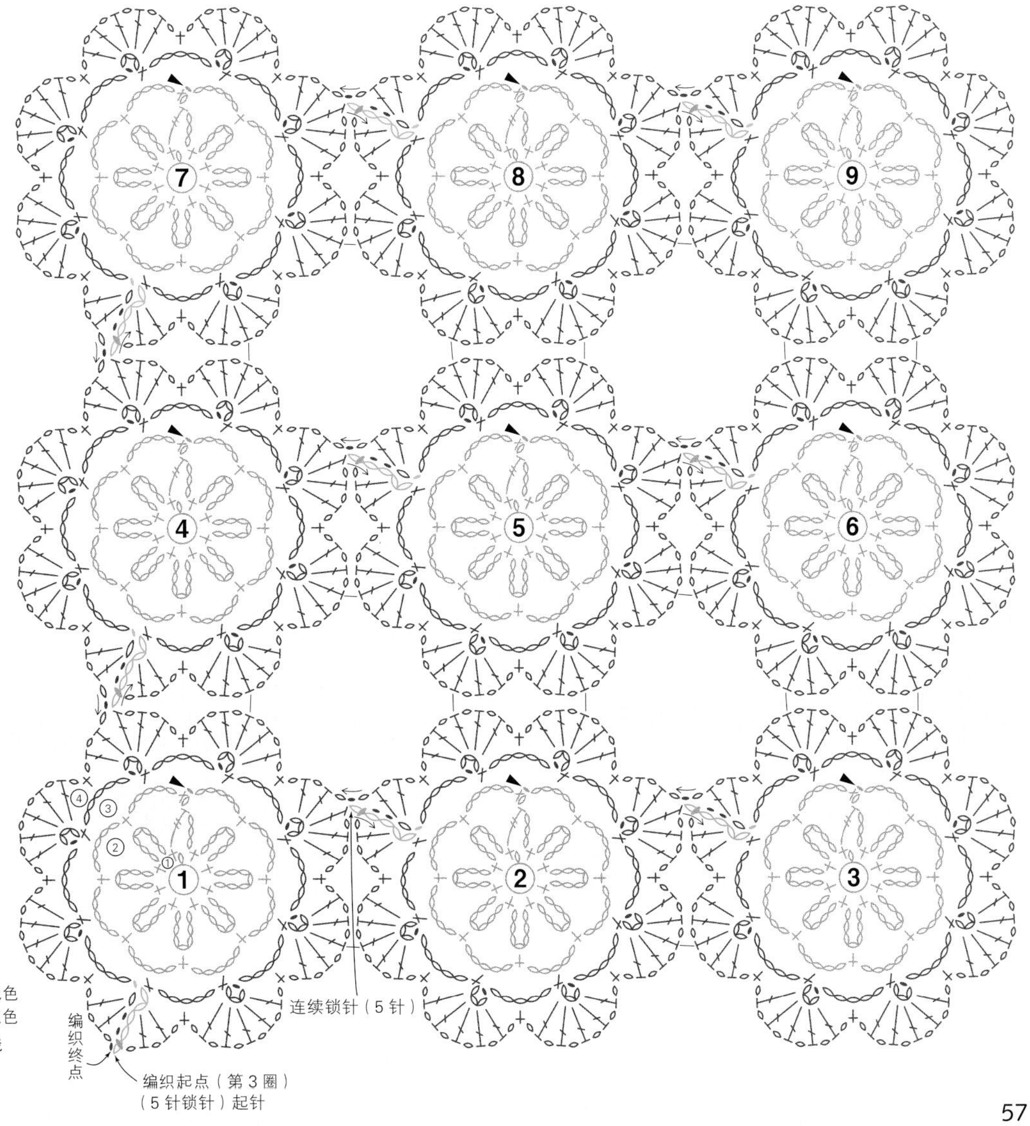

7
8
9
4
5
6
1
2
3
①
②
③
④
连续锁针（5 针）
编织终点
编织起点（第 3 圈）
（5 针锁针）起针

配色 {—— =配色 / —— =底色}

► =剪线

no.41

花片尺寸／直径6.5cm

 =编织方法见 p.91

⬤ =编织方法见 p.91

⬤ =编织方法见 p.96

┣╋┫ =钩完长针后，从钩针上取
下针目，然后将钩针从上
方插入准备连接的长针头
部，再将刚才取下的针目
拉出
编织方法请参照 p.97

= Y 字针
编织方法见 p.96

编织终点　编织起点（18针锁针）起针

连续锁针
（18针）

no.42

花片尺寸/直径 6.5cm

 =编织方法见 p.91

● =编织方法见 p.91

——↗—↙—— =钩完长针后，从钩针上取
下针目，然后将钩针从上
方插入准备连接的长针头
部，再将刚才取下的针目
拉出
编织方法请参照 p.97

=Y 字针
编织方法见 p.96

配色 { —— =配色
色 { —— =底色

► =剪线

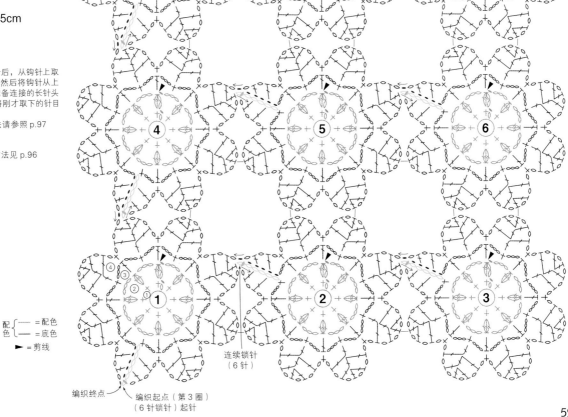

编织终点

编织起点（第3圈）
（6针锁针）起针

连续锁针
（6针）

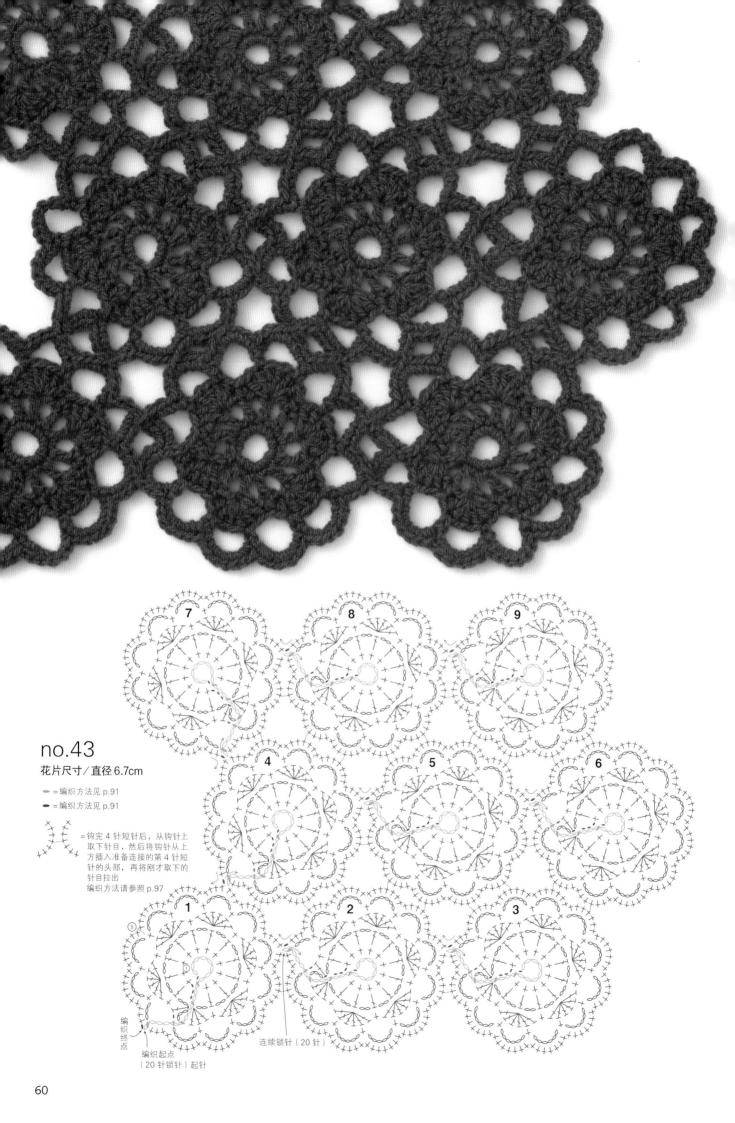

no.43

花片尺寸／直径6.7cm

◗ =编织方法见 p.91
● =编织方法见 p.91

✛ =钩完4针短针后，从钩针上取下针目，然后将钩针从上方插入准备连接的第4针短针的头部，再将刚才取下的针目拉出
编织方法请参照 p.97

编织终点

编织起点
（20针锁针）起针

连续锁针（20针）

no.44

花片尺寸／直径6.7cm

⚫⚪ =编织方法见 p.91
⚫⚫ =编织方法见 p.91

✛✛✛ =钩完4针短针后，从钩针上
取下针目，然后将钩针从上
方插入准备连接的第4针短
针的头部，再将刚才取下的
针目拉出
编织方法请参照 p.97

编织终点
编织起点（第4圈）
（4针锁针）起针

连续锁针（4针）

配色 ⎰⎱ ⚫ =配色
色 ⎰⎱ ⚪ =底色

► =剪线

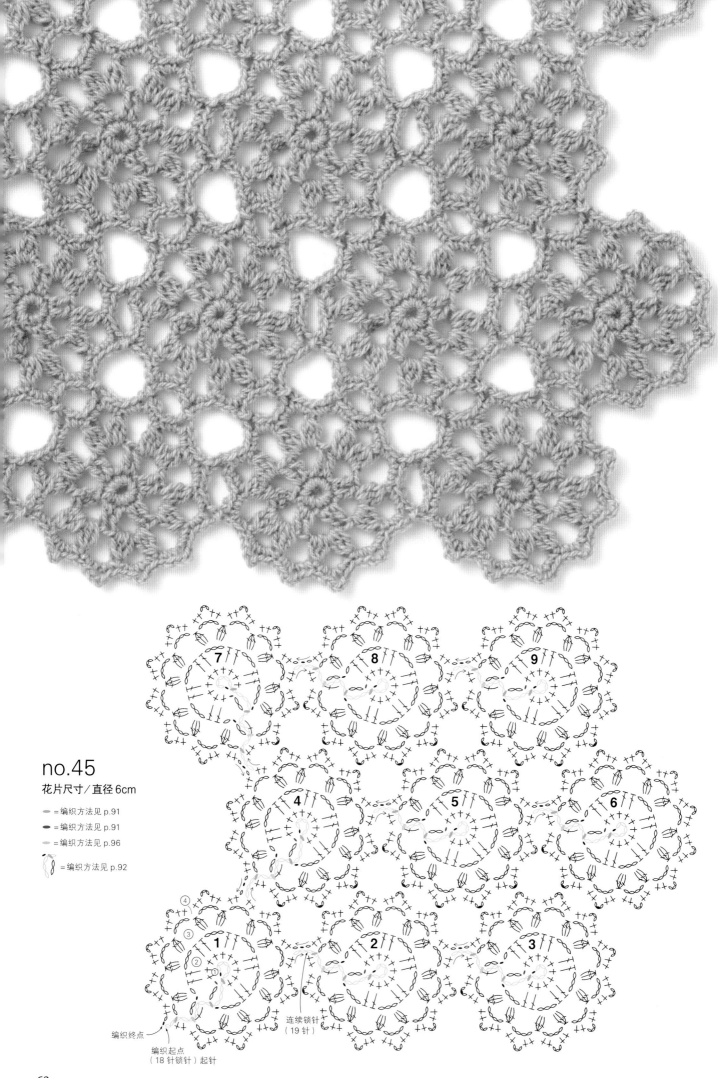

no.45

花片尺寸／直径6cm

= 编织方法见 p.91
= 编织方法见 p.91
= 编织方法见 p.96
= 编织方法见 p.92

编织终点

编织起点
（18 针锁针）起针

连续锁针
（19 针）

no.46

花片尺寸／直径6.3cm

⬭ =编织方法见 p.91

⬮ =编织方法见 p.91

🧵 =4 针锁针的狗牙拉针
编织方法请参照 p.110

✂ =编织方法见 p.92

连续锁针
（21针）

编织起点（20针锁针）起针

编织终点

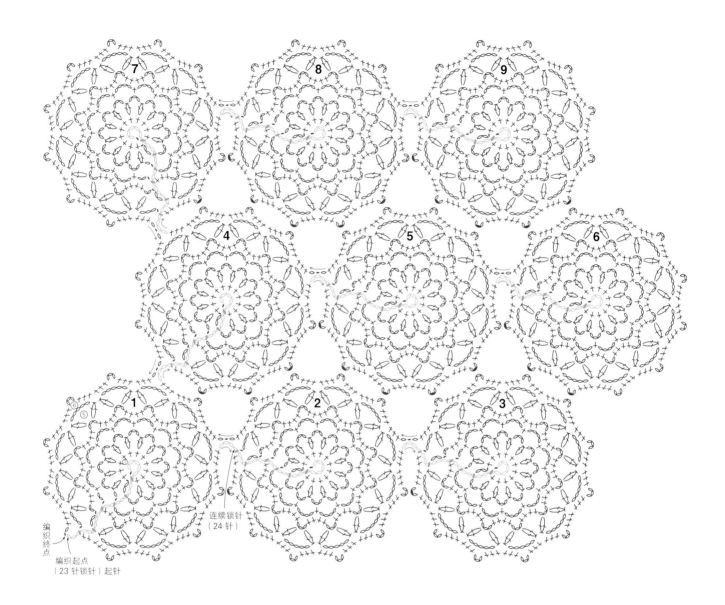

no.47

花片尺寸／直径8cm

↪ =编织方法见 p.91
↪ =编织方法见 p.91

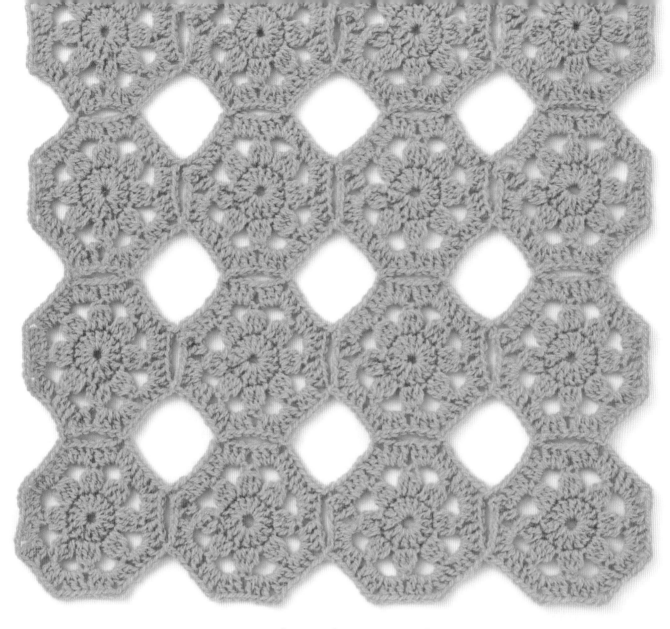

no.48

花片尺寸／直径6cm

 =编织方法见 p.91

=编织方法见 p.96

 =编织方法见 p.92

编织终点

编织起点
（18针锁针）起针

连续锁针
（19针）

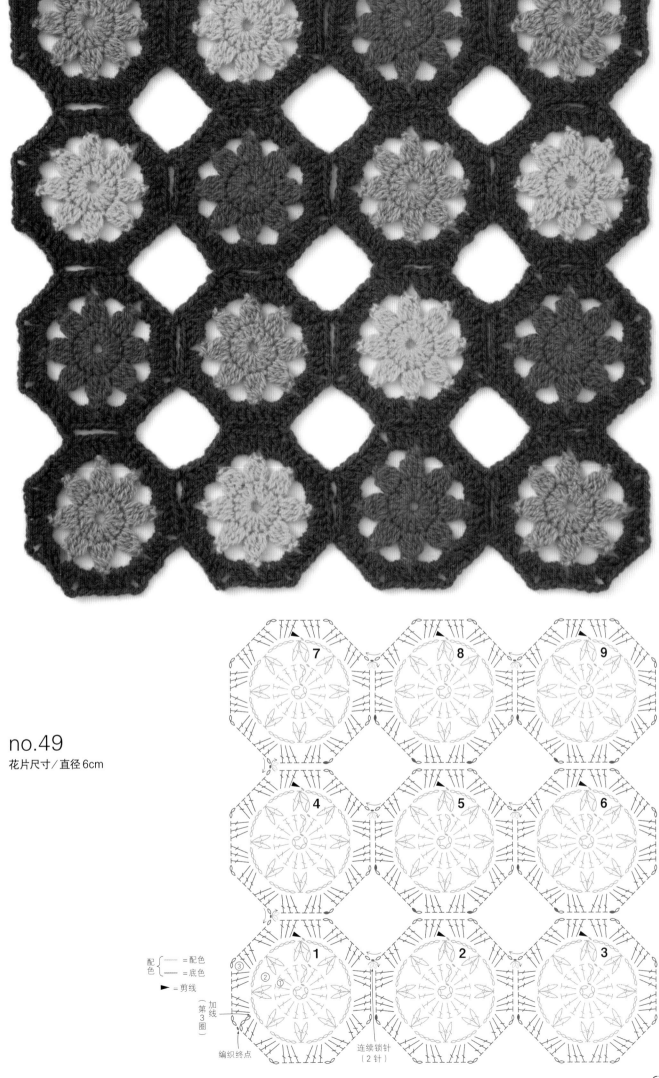

no.49

花片尺寸／直径6cm

配色 { ＝配色
      ＝底色

► ＝剪线

加线
(第3圈)

编织终点

连续锁针
(2针)

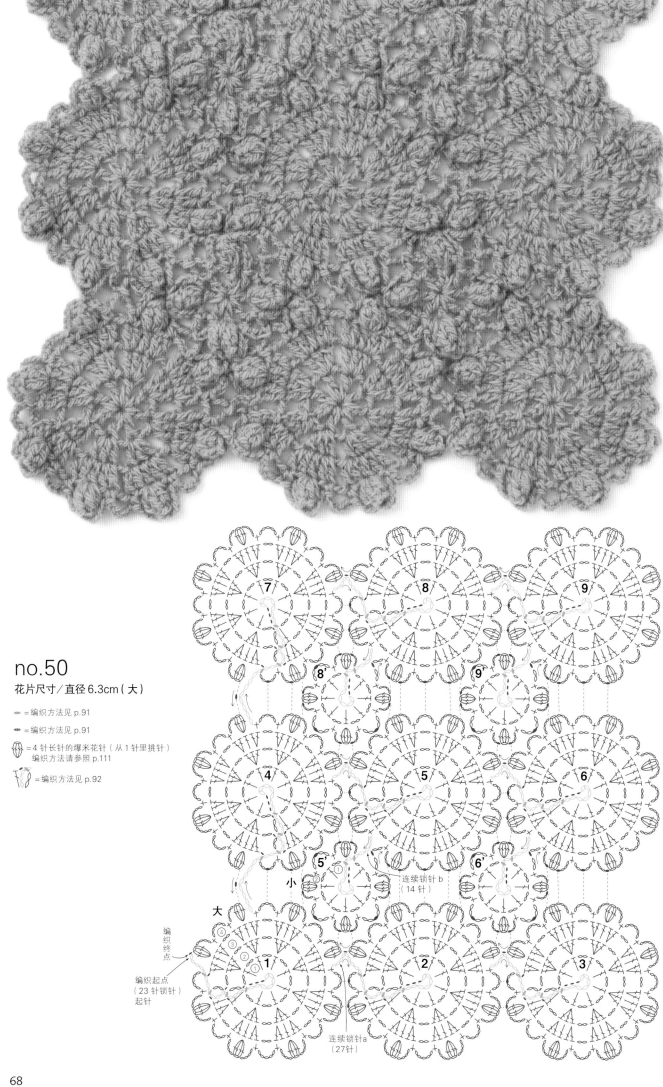

no.50

花片尺寸/直径6.3cm（大）

- ◗ =编织方法见 p.91
- ◖ =编织方法见 p.91
- ⬭ =4 针长针的爆米花针（从 1 针里挑针）
  编织方法请参照 p.111
- ⬭ =编织方法见 p.92

小

大

编织终点

编织起点
（23 针锁针）
起针

连续锁针 b
（14 针）

连续锁针a
（27针）

no.51

花片尺寸／直径7.6cm（大）

◠ =编织方法见 p.91
◠ =编织方法见 p.91
▽ =编织方法见 p.92

▷ =加线
► =剪线

※全部钩完后，分别在每个花片第2圈
的线环中挑针编织

小
连续锁针b
（14针）

大

连续锁针a
（24针）

编织终点
编织起点（23针锁针）起针

六角形花片

Hexagon

六角形花片很容易连接。

可以像 p.4 的手提包一样,

从底部向侧面相互错开着连接花片,巧妙的形状立体感十足。

也可以像排列整齐的花砖一样,灵活利用转角拼接成花毯,

还可以通过配色实现不一样的视觉效果。

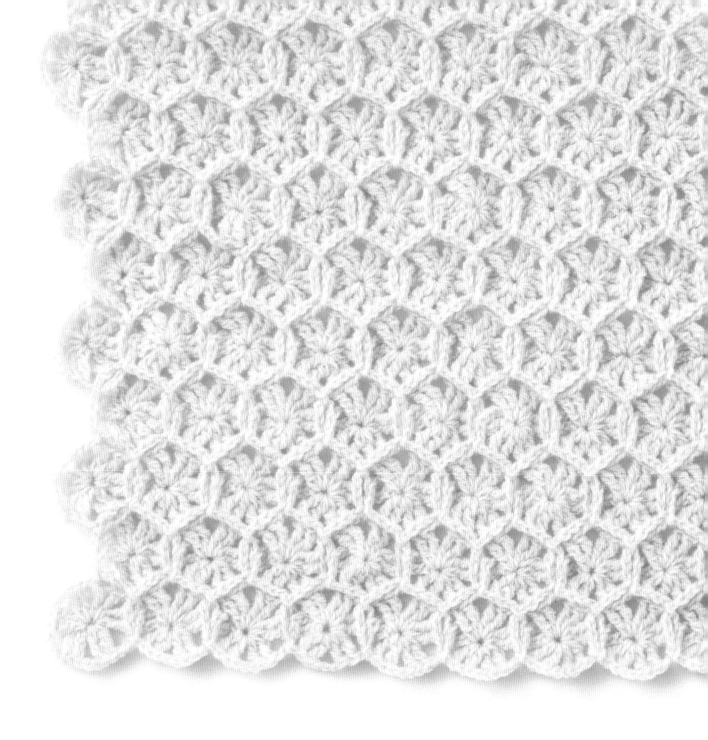

no.52

花片尺寸／横向2.3cm，纵向2.7cm

 =编织方法见 p.91

=编织方法见 p.92

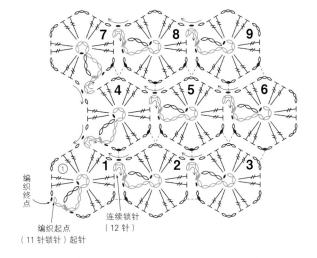

编织终点

编织起点
（11针锁针）起针

连续锁针
（12针）

no.53

花片尺寸／横向5cm，纵向6cm

● =编织方法见 p.91
● =编织方法见 p.96
● =编织方法见 p.91

⌒＋＝钩完长针后，从钩针上取下
针目，然后将钩针从上方插
入准备连接的长针头部，再
将刚才取下的针目拉出
编织方法请参照 p.97

丫 =Y字针
编织方法请参照 p.96

※第3圈的短针是将前一圈针目夹
在中间，在前面第2圈的针目里
挑针编织

编织终点

编织起点
（14针锁针）起针

连续锁针
（14针）

no.54

花片尺寸／横向5cm，纵向6cm

→─┼┼←　=钩完长针后，从钩针上取下针目，然后将钩针从上方插入准备连接的长针头部，再将刚才取下的针目拉出
编织方法请参照 p.97

Y　=Y 字针
编织方法请参照 p.96

※第 3 圈的短针是将前一圈针目夹在中间，在前面第 2 圈的针目里挑针编织

配色 {　—=配色
　　　　—=底色

► =剪线

编织终点

加线
（第 3 圈）

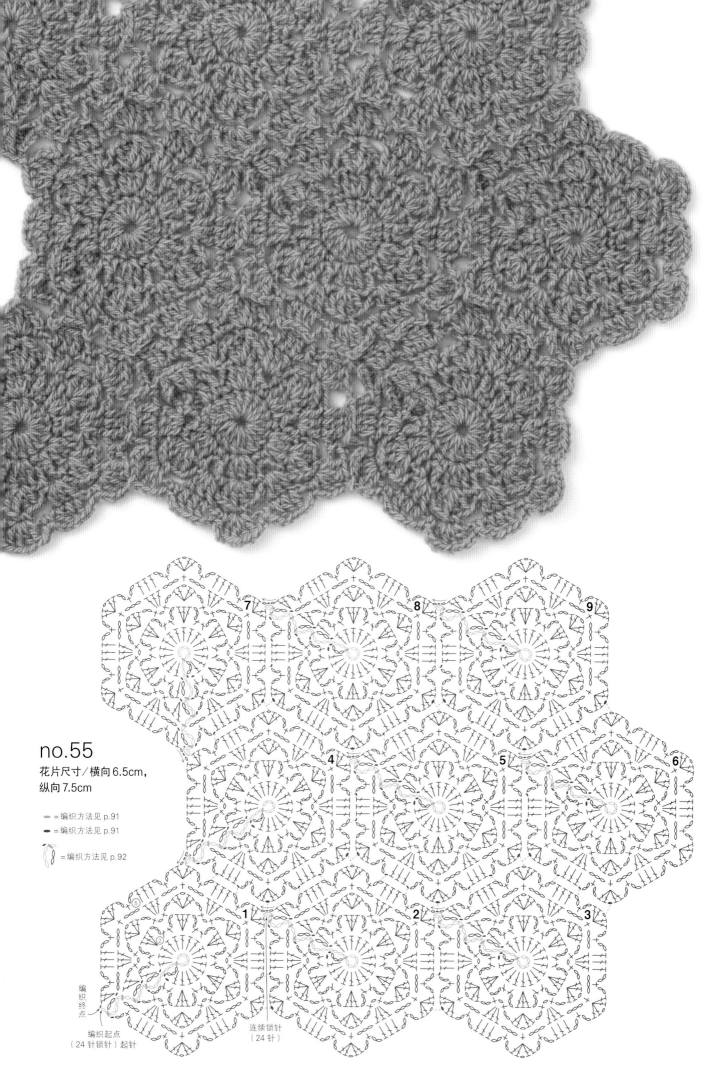

no.55

花片尺寸／横向6.5cm，
纵向7.5cm

 =编织方法见 p.91

 =编织方法见 p.91

 =编织方法见 p.92

编织终点

编织起点
（24针锁针）起针

连续锁针
（24针）

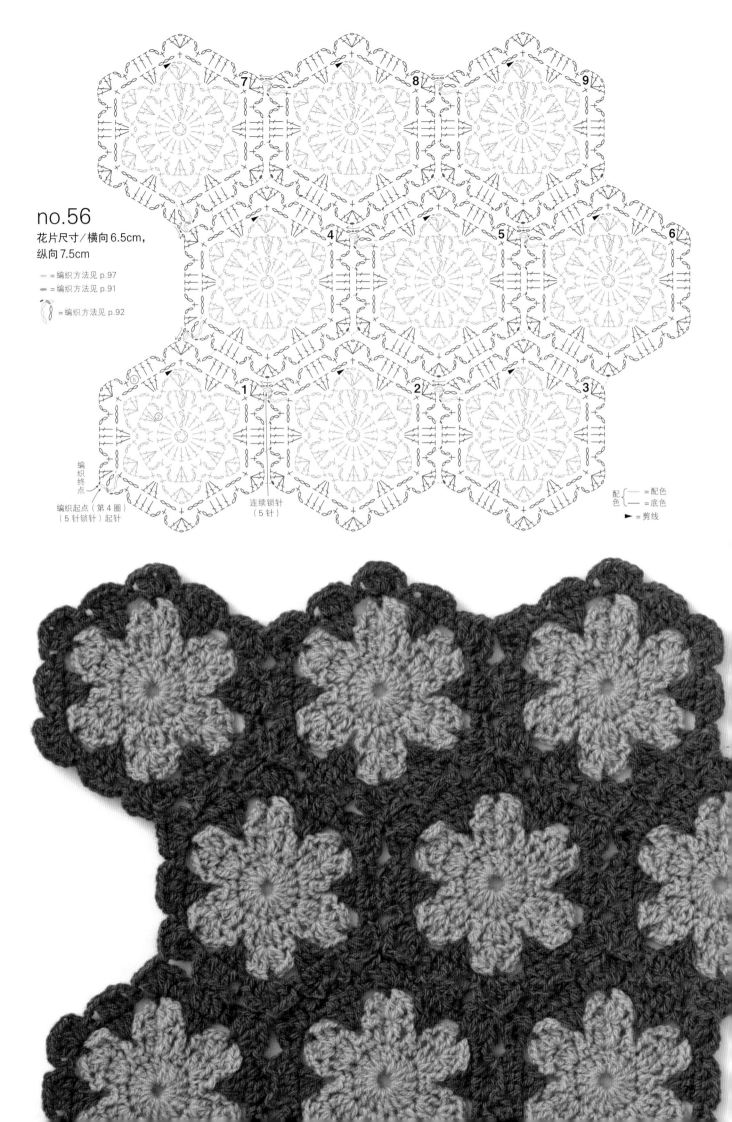

no.56

花片尺寸／横向6.5cm，
纵向7.5cm

— = 编织方法见 p.97
— = 编织方法见 p.91
⬙ = 编织方法见 p.92

编织
终点

编织起点（第4圈）
（5针锁针）起针

连续锁针
（5针）

配色 {⎯ = 配色
⎯ = 底色
► = 剪线

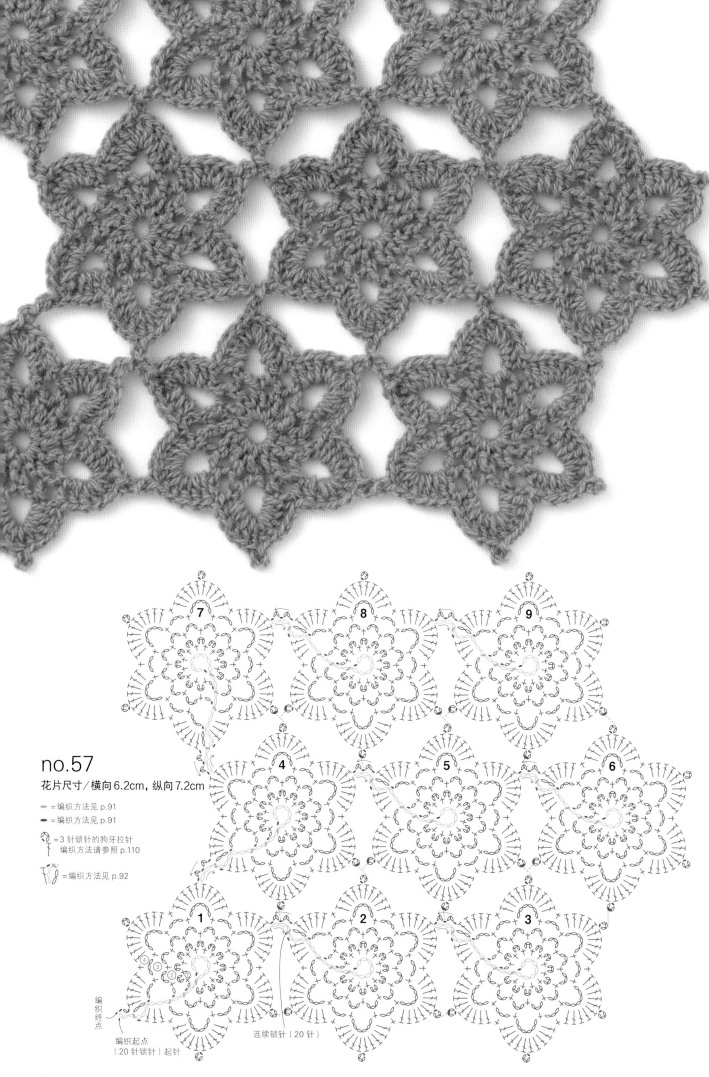

no.57

花片尺寸／横向6.2cm，纵向7.2cm

- ⌒ ＝编织方法见 p.91
- ● ＝编织方法见 p.91
- ＝3 针锁针的狗牙拉针
   编织方法请参照 p.110
- ＝编织方法见 p.92

编织终点

编织起点
（20针锁针）起针

连续锁针（20针）

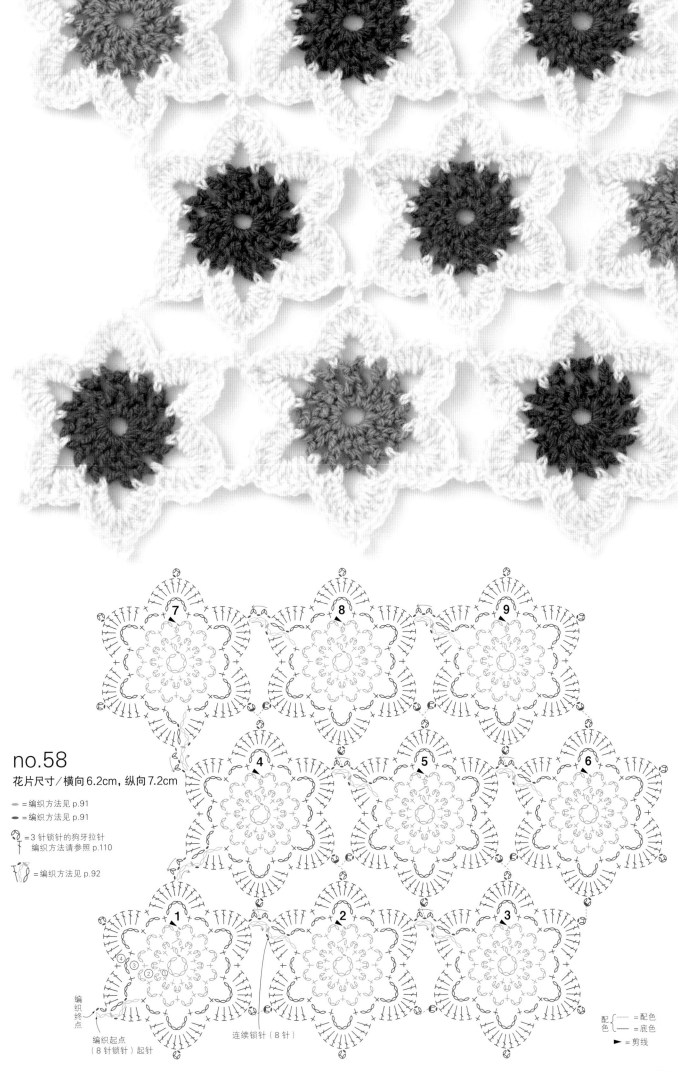

no.58

花片尺寸／横向6.2cm，纵向7.2cm

━ =编织方法见 p.91
━ =编织方法见 p.91

🧶 =3 针锁针的狗牙拉针
编织方法请参照 p.110

🧵 =编织方法见 p.92

编织
终点

编织起点
（8 针锁针）起针

连续锁针（8 针）

配色 ⎰ ━ =配色
色 ⎱ ━ =底色

► =剪线

no.59 花片尺寸／横向7.5cm，纵向8.5cm

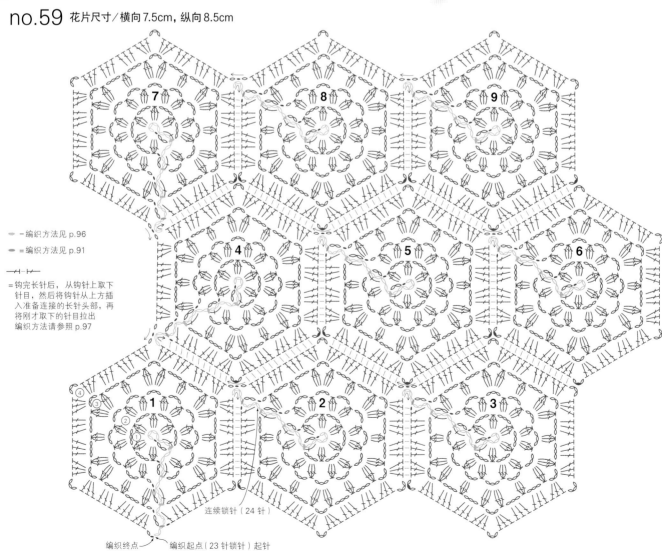

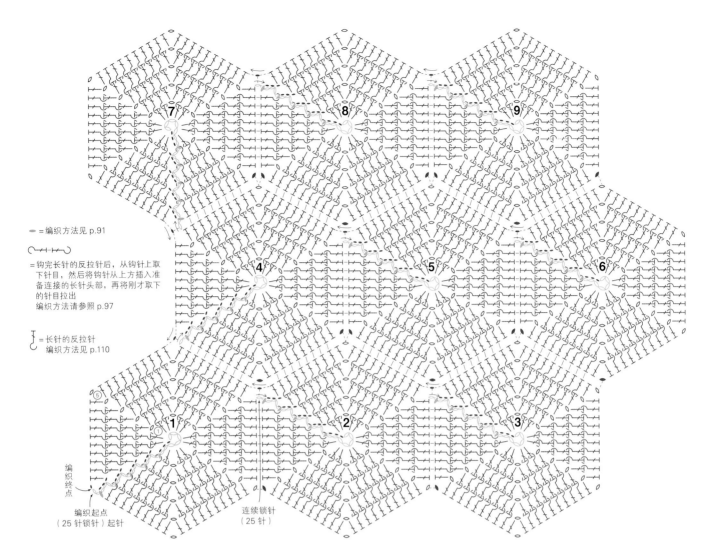

= 编织方法见 p.91

= 钩完长针的反拉针后，从钩针上取
下针目，然后将钩针从上方插入准
备连接的长针头部，再将刚才取下
的针目拉出
编织方法请参照 p.97

= 长针的反拉针
编织方法见 p.110

编织终点

编织起点
（25 针锁针）起针

连续锁针
（25 针）

no.60 花片尺寸／横向 6.1cm，纵向 7cm

no.61 花片尺寸／横向6.3cm，纵向7cm

= 编织方法见 p.91

= 编织方法见 p.96

= 编织方法见 p.91

= 将前一圈的锁针夹在中间，在前面第 2 圈的针目里钩织长针

= 钩完长针后，从钩针上取下针目，然后将钩针从上方插入准备连接的长针头部，再将刚才取下的针目拉出
编织方法请参照 p.97

= Y 字针
编织方法请参照 p.96

编织终点

编织起点
（21 针锁针）起针

连续锁针
（22 针）

no.62 花片尺寸／横向6.3cm，纵向7cm

— =编织方法见 p.91

＝将前一圈的锁针夹在中间，在前面第2圈的针目里钩织长针

＝钩完长针后，从钩针上取下针目，然后将钩针从上方插入准备连接的长针头部，再将刚才取下的针目拉出
编织方法请参照 p.97

＝Y字针
编织方法请参照 p.96

配色 ｛— ＝配色
底色 ｛— ＝底色
► ＝剪线

编织终点

编织起点（第3圈）
（5针锁针）起针

连续锁针
（6针）

※先钩5针锁针，第3圈从2针长针开始编织。最后在长针的头部钩织橙色的引拔针，接着编织第4圈

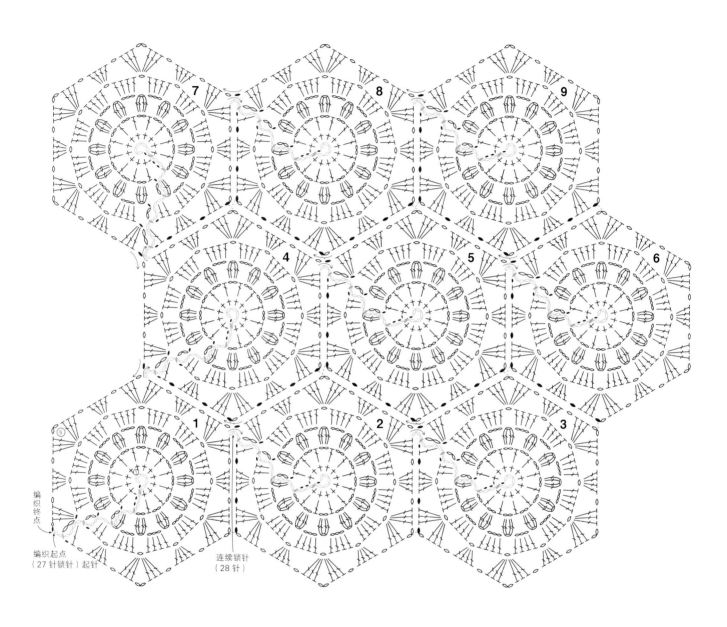

no.63

花片尺寸／横向7cm，纵向8cm

 = 编织方法见 p.91

 = 编织方法见 p.91

= 4 针长针的爆米花针（整段挑针）
编织方法请参照 p.111

= 编织方法见 p.92

 = 钩完 2 针长针后，从钩针上取
下针目，然后在橙色的引拔针
里插入钩针，将刚才取下的针
目拉出，再钩 1 针锁针

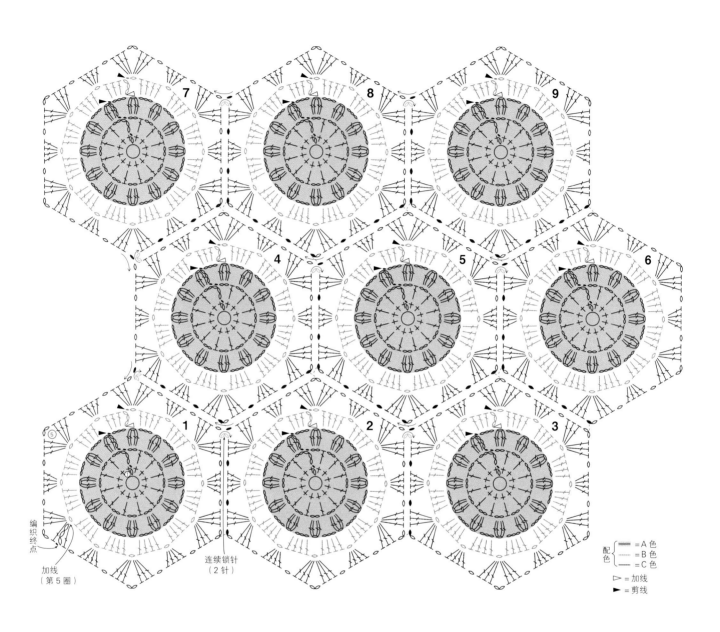

编织终点

加线
（第5圈）

连续锁针
（2针）

配色 {
━━━ =A 色
┈┈┈ =B 色
━━━ =C 色
▷ = 加线
▶ = 剪线

no.64（no.63的配色）

花片尺寸／横向7cm，纵向8cm

= 4针长针的爆米花针（整段挑针）
编织方法请参照 p.111

编织终点

编织起点
（22针锁针）起针

连续锁针
（22针）

no.65

花片尺寸／横向7.8cm，纵向9cm

＝编织方法见 p.91

＝编织方法见 p.92

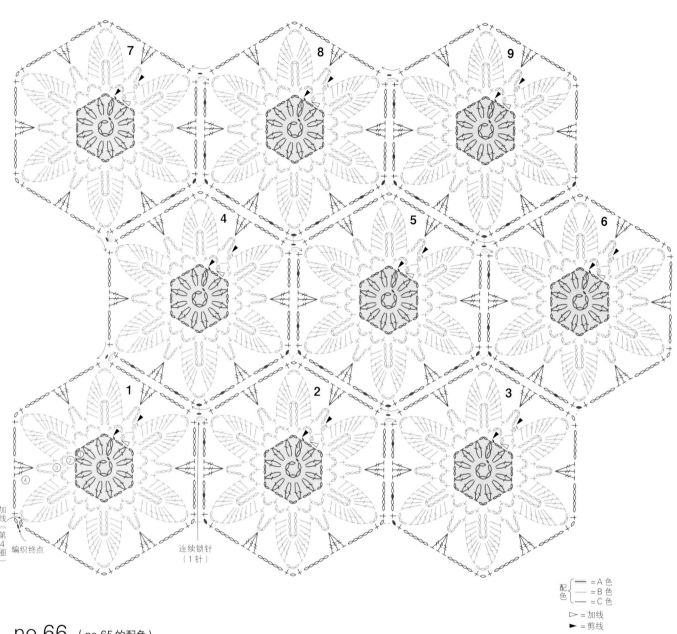

no.66 （no.65的配色）

花片尺寸／横向7.8cm，纵向9cm

加线（第4圈）
编织终点
连续锁针（1针）

配色 ﹛ —— =A色
　　　 ---- =B色
　　　 —— =C色

▷ =加线
► =剪线

Lesson 连编花片的编织教程

在开始连编花片前，以no.12的花片为例为大家讲解必备的基础编织技法。
比如，符号图中橙色和红色引拔针的含义、移至相邻花片时线的走向……
让我们一边练习，一边确认编织出精美作品所需要的基础知识和技巧吧！

[no.12的花片的编织方法]

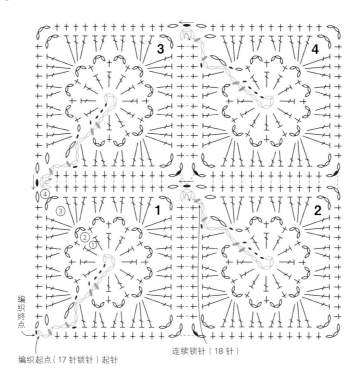

编织终点

编织起点（17针锁针）起针

连续锁针（18针）

编织起点
在连续锁针上引拔的编织方法

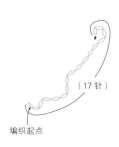

（17针）

编织起点

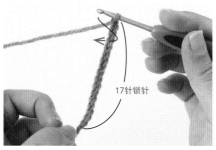

1 编织起点的连续锁针是朝中心的方向钩17针。如箭头所示，将钩针插入从针头端数起第4针锁针的半针和里山。

2 挂线，钩引拔针。

3 形成了3针锁针的环。接着按相同要领在后面2针锁针里钩引拔针。

4 2针引拔针完成。

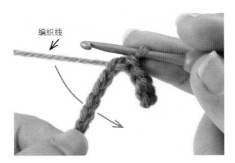

5 在下个锁针里钩完引拔针（●）后，将编织线从连续锁针的下方穿过。将刚才的3针锁针视作1针长针。

6 参照符号图，用从编织起点连续锁针的下方穿过来的线，在中心的锁针环里接着钩织长针。

● 红色引拔针的编织方法
（在连续锁针上已经引拔的针目里，再次钩织的引拔针）

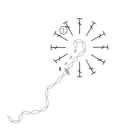

7 在中心的锁针环里钩好了11针长针。将钩针插入橙色引拔针以及连续锁针的各1根线里。

8 挂线引拔（●）。

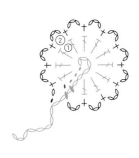

9 第1圈就完成了。

10 接着编织第2圈。在下个锁针里钩引拔针（●），然后如箭头所示将线从连续锁针的下方穿过。

11 钩3针锁针，然后在前一圈的长针头部钩织短针。

12 将步骤11再重复10次。

13 最后钩1针锁针，在连续锁针上钩1针常规的引拔针。

14 第2圈就完成了。

整段挑针钩织3针长针（中间的长针为连续锁针的情况）
※整段挑针钩织：不要将针目分隔开，在整个空隙里插入钩针编织

15 接着编织第3圈。先钩2针锁针，然后跳过3针连续锁针，再钩织橙色的引拔针。

16 将线从连续锁针的下方穿过。

17 这样，3针长针的中间一针就是连续锁针。在相当于长针头部的锁针里钩引拔针。

18 钩完引拔针后，2针长针就完成了。注意，不要钩得太紧。

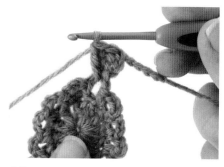

19 下针长针在前一圈的锁针环里整段挑针钩织。接着按符号图继续编织。

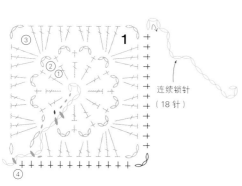

连续锁针
（18针）

20 第3圈的最后，跳过1针连续锁针，钩织橙色的引拔针。

21 接着编织第4圈。将线从连续锁针的下方穿过，整段挑针钩织第1针短针。

22 在第3圈的橙色引拔针位置，按红色引拔针的编织方法，如箭头所示插入钩针钩织短针。

23 在引拔针位置，挑起头部2根线钩织短针。接下来在长针头部的2根线里挑针钩织短针。

18针锁针

24 钩完2条边后，接着钩织下个花片的18针连续锁针。按第1个花片的方法，编织第2个花片。

在短针的头部与第1个花片连接

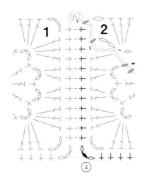

※为了便于理解，第2个花片使用了不同颜色的线

25 现在编织第2个花片的第4圈。先钩织橙色的引拔针，接着一边与第1个花片的第4圈连接一边继续编织，注意不要扭转连续锁针。

26 暂时从钩针上取下针目。从连续锁针的下方重新插入钩针，将刚才取下的针目拉出。

27 如箭头所示，在第1个花片准备连接的短针头部2根线里插入钩针。

28 在第2个花片转角处的环里整段挑针，挂线后拉出。

29 一次引拔穿过针上的线圈，钩织短针。

30 第2个花片的第1针短针就连接好了。按相同方法，依次在第1个和第2个花片里插入钩针钩织短针。

31 图中为一边连接花片一边钩织了3针短针的样子。按相同方法继续编织。

32 完成了1条边12针短针的连接。紧接着钩1针转角的锁针。

转角处引拔针的编织方法

33 如箭头所示，将钩针从上方插入第1个花片的3针锁针的环里。

34 挂线引拔。

35 引拔针将转角连接在一起。接着钩第3针锁针和1针短针。

从第2个花片回到第1个花片时的引拔针

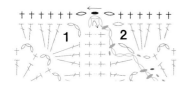

1针锁针

36 这是第2个花片的第4圈即将结束回到第1个花片时的样子。先钩1针锁针，然后如箭头所示插入钩针。

37 整段挑起连续锁针。

38 钩引拔针。连续锁针的转角处就连接好了。接着编织第1个花片的第3条边。

第3个花片转角处的引拔针

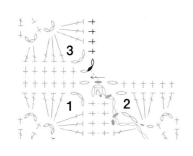

39 这是第3个花片转角处的引拔位置。

40 如箭头所示，在第2个花片的引拔针头部2根线里插入钩针。

41 挂线后拉出，钩引拔针连接。

42 第3个花片的转角处就连接好了。钩1针锁针，接着编织第3个花片的第2条边。

● 第4个花片转角处的引拔针

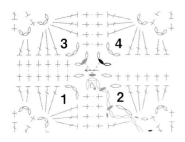

43 第4个花片与第3个花片一样,在相同位置插入钩针,钩织引拔针。

44 第4个花片的转角处也连接好了。

● 编织终点的编织方法

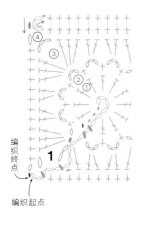

编织终点

编织起点

45 最后一边编织未完成状态的花片,一边钩织第4圈至编织起点位置。

46 在编织起点的连续锁针的第1针里插入钩针,挂线。

47 钩引拔针连接。编织结束时将线剪断,将线从钩针上的线圈中拉出。

48 no.12的连编花片就完成了。将线头穿入花片反面的针目里藏好,注意不要露出正面。

编织终点的连接方法（使用手缝针的处理方法）

这是用手缝针做线头处理的方法,可以代替编织终点的引拔针。使用这种方法可以将编织终点处理得更加自然。

1 在钩最后的锁针前,留出10cm长的线头后剪断,然后将线头拉出穿入手缝针。在编织起点的第1针锁针的2根线里插入手缝针。

2 如箭头所示回到原来的针目。将手缝针插入针目的中心,在锁针的半针以及根部共2根线里挑针。

3 将线圈拉至1针锁针的大小。编织起点和终点就自然地连接在一起。

One Point Lesson 重点教程

下面为大家重点讲解no.12的花片中没有用到的连接方法以及符号的编织方法。

● 绿色引拔针的编织方法
（横跨连续锁针的引拔针将变成枣形针的头部）（no.10的连编花片）

1 第2圈先钩2针锁针。

2 在指定锁针里插入钩针，然后将编织线从下方穿过。

3 挂线，在连续锁针下方的空隙里整段挑针，钩织未完成的长针。

4 再次挂线，引拔穿过针上的所有线圈。

5 加上连续锁针以及步骤**1**中钩织的2针锁针，1个枣形针就完成了。

● Y字针的编织方法
（no.41的连编花片）

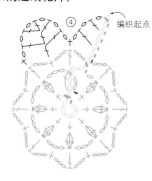

1 在连续锁针上挑针时，如箭头所示在锁针的中心插入钩针，挑起2根线。

2 钩织长针，然后按符号图继续编织。

3 下面钩织第2片花瓣。先钩1针锁针，接着在针头绕2圈线，在短针的头部钩织长长针。

4 再钩1针锁针，绕2圈线，如箭头所示在步骤**3**钩织的长长针的根部2根线里插入钩针。

5 挂线后拉出。再次挂线，依次引拔穿过2个线圈。

6 长长针完成。接着钩1针锁针，挂线，在长长针的根部2根线里挑针。

7 钩1针长针和1针锁针。按符号图继续编织。

8 第2片花瓣就完成了。

● 连接2个枣形针的方法
（no.1的连编花片）

※连接2个长针时也使用相同的方法

编织起点

连续锁针（12针）

1 钩完第2个花片的枣形针后，暂时从钩针上取下针目，然后在第1个花片准备连接的枣形针头部插入钩针。

2 将刚才取下的针目拉出，按符号图继续编织第2个花片。

3 枣形针的头部就连接在一起了。

● 蓝色引拔针的编织方法
（在紧接着连续锁针的第1个短针里钩织的引拔针）（no.40的连编花片）

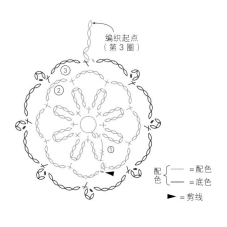

编织起点
（第3圈）

配色 {
--- =配色
— =底色
► =剪线

1 在第3圈的终点钩5针锁针，然后在紧接着连续锁针的第1个短针根部的1根线以及反面的1根渡线里插入钩针。

2 钩织引拔针（ ● ）。

3 钩好的引拔针出现在短针的右侧。

作品的编织方法

六角形花片的手提包 … p.4

[材料]
和麻纳卡 Aprico 原白色（1）130g

[工具]
钩针4/0号、10/0号

[成品尺寸]
宽18cm，深15.75cm（不含提手），侧边宽17.5cm

[密度]
1个花片的大小 6cm×7cm

编织要点

使用no.60连编花片的符号图编织。锁针起针后开始编织。一边注意编织方向和连接位置，一边参照图示按1~37的编号顺序进行连续编织。最后制作提手，缝在指定位置。

※本书制作图中未特别注明的情况下，表示长度的数字均以厘米（cm）为单位

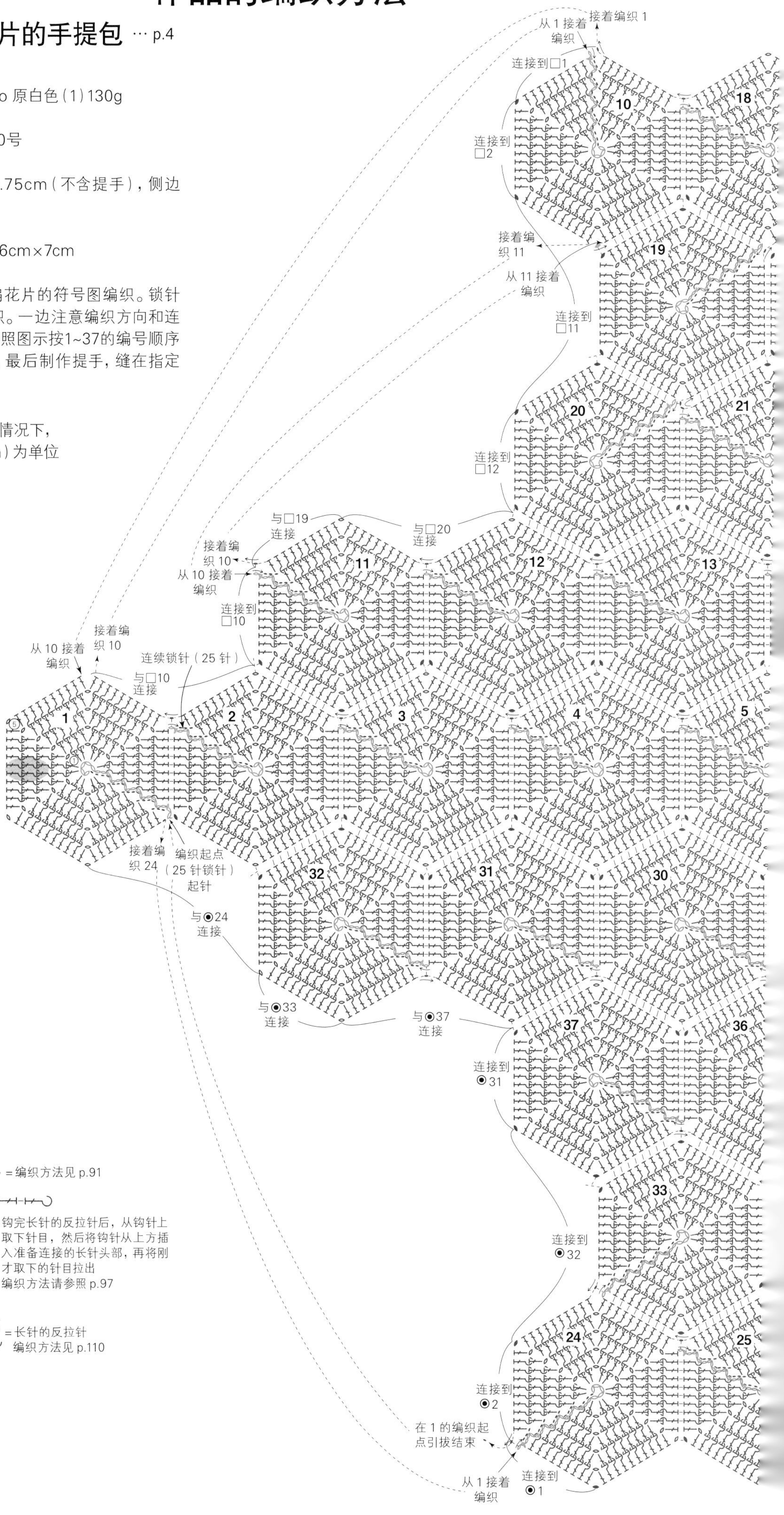

实物粗细

接着编织 1
从1接着编织
连接到□1
连接到□2
10
18
连接到□11
19
接着编织 11
从11接着编织
20
21
连接到□12
11
12
13
与□19连接
与□20连接
接着编织 10
从10接着编织
连接到□10
从10接着编织 10
接着编织 10
连续锁针（25针）
与□10连接
1
2
3
4
5
接着编织 24
编织起点（25针锁针）起针
32
31
30
与◉24连接
与◉33连接
与◉37连接
37
36
连接到◉31
连接到◉32
33
连接到◉2
24
25
在1的编织起点引拔结束
从1接着编织
连接到◉1

＝编织方法见 p.91

＝钩完长针的反拉针后，从钩针上取下针目，然后将钩针从上方插入准备连接的长针头部，再将刚才取下的针目拉出
编织方法请参照 p.97

＝长针的反拉针
编织方法见 p.110

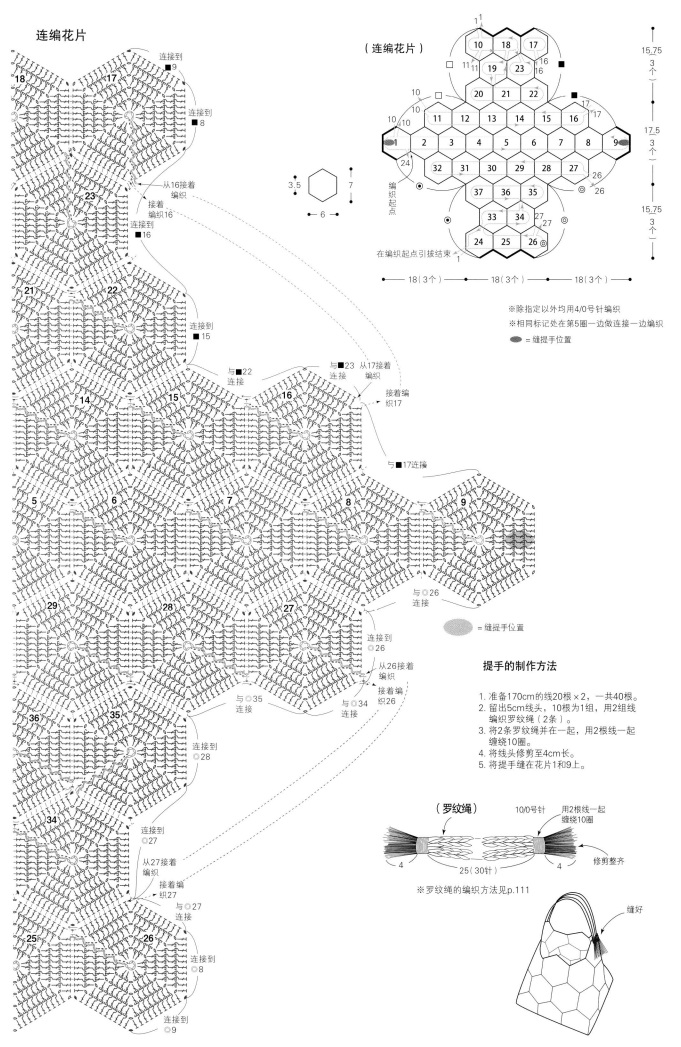

连编花片

18 17

连接到 ■9
连接到 ■8

23

从16接着编织
接着编织16
连接到 ■16

21 22

连接到 ■15

3.5 ← 6 → 7

14 15 16

与■22连接
与■23连接
从17接着编织
接着编织17

与■17连接

5 6 7 8 9

= 缝提手位置

29 28 27

与◎35连接
与◎34连接
从26接着编织
接着编织26
连接到◎26

36 35

连接到◎28

34

连接到◎27
从27接着编织
接着编织27
与◎27连接

25 26

连接到◎8
连接到◎9

（连编花片）

1
10 18 17
11 11 19 23 16 16
□ 20 21 22 ■
10 10 11 12 13 14 15 16 17 17
10 10 1 2 3 4 5 6 7 8 9 26 26
24 32 31 30 29 28 27
编织起点 37 36 35
33 34 27 27
24 25 26
编织起点引拔结束 1

15.75 3个
17.5 3个
15.75 3个

←18（3个）→←18（3个）→←18（3个）→

※除指定以外均用4/0号针编织
※相同标记处在第5圈一边做连接一边编织
▨ = 缝提手位置

提手的制作方法

1. 准备170cm的线20根×2，一共40根。
2. 留出5cm线头，10根为1组，用2组线编织罗纹绳（2条）。
3. 将2条罗纹绳并在一起，用2根线一起缠绕10圈。
4. 将线头修剪至4cm长。
5. 将提手缝在花片1和9上。

（罗纹绳）
10/0号针
用2根线一起缠绕10圈
4
25（30针）
4
修剪整齐

※罗纹绳的编织方法见p.111

缝好

99

斜挎单肩包 … p.5

[材料]
和麻纳卡 亚麻线（Linen）30 深棕色（111）255g

[工具]
钩针3/0号

[成品尺寸]
宽22cm，深27.5cm（不含提手），侧边宽5.5cm

[密度]
1个花片的大小 5.5cm×5.5cm

编织要点
使用no.12连编花片的符号图编织。锁针起针后开始
编织。参照图示，按1~54的编号顺序进行连续编
织。提手部分从花片上挑取针目钩织长针，结束时一
边编织最后一行一边与花片做连接。

实物粗细

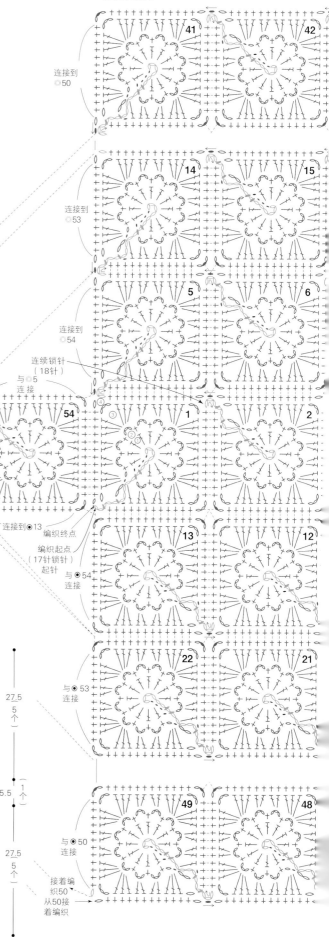

连编花片

连接到
◎50

连接到
◎53

连接到
◎54

连续锁针
（18针）

与◎41
连接

与◎14
连接

与◎5
连接

50

53

54

1

2

连接到◎49

连接到◎22

连接到◎13

编织终点

接着
编织49

从49接着
编织

编织起点
（17针锁针）
起针

与◎54
连接

13

12

与◎53
连接

22

21

与◎50
连接

接着编
织50
从50接
着编织

49

48

（ 连编花片 ）

41	42	43	44
32	33	34	35
23	24	25	26
14	15	16	17
5	6	7	8

| 50 | 51 | 52 | 53 | 54 |

| 1 | 2 | 3 | 4 | | 9 | 18 | 27 | 36 | 45 |

13	12	11	10
22	21	20	19
31	30	29	28
40	39	38	37
49	48	47	46

编织
终点

编织
起点

27.5
5个

（1
个）

27.5
5个

5.5
1个

5.5

5.5

27.5（5个） 22（4个） 27.5（5个）

※全部使用3/0号针编织
※相同标记处在第4圈一边做连接一边编织

100

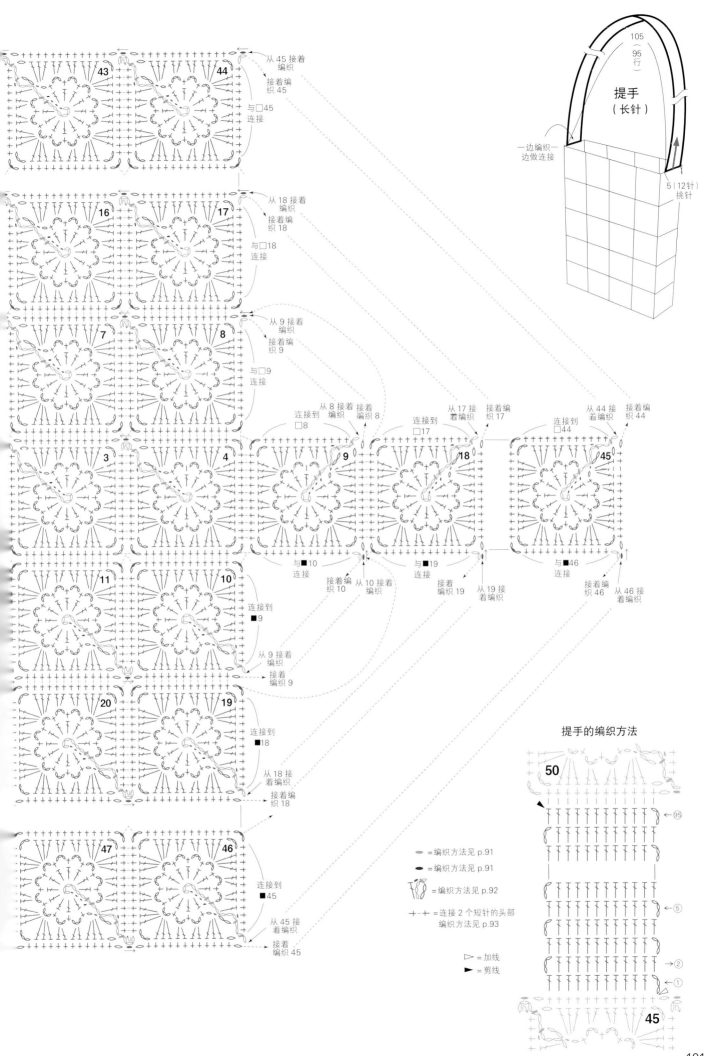

实物粗细

真丝线披肩 … p.6

[材料]
手织屋 Original M Silk 黑色(33)190g

[工具]
钩针3/0号

[成品尺寸]
宽40cm，长150cm

[密度]
1个花片的大小 5cm×5.5cm

编织要点
使用no.53连编花片的符号图编织。锁针起针后开始
编织。参照图示，横向交替着重复编织8个或7个为一
排的花片，纵向连续编织33排花片。

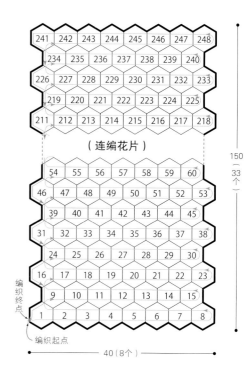

241	242	243	244	245	246	247	248
234	235	236	237	238	239	240	
226	227	228	229	230	231	232	233
219	220	221	222	223	224	225	
211	212	213	214	215	216	217	218

（连编花片）

54	55	56	57	58	59	60	
46	47	48	49	50	51	52	53
39	40	41	42	43	44	45	
31	32	33	34	35	36	37	38
24	25	26	27	28	29	30	
16	17	18	19	20	21	22	23
9	10	11	12	13	14	15	
1	2	3	4	5	6	7	8

编织终点

编织起点

150
(33个)

40(8个)

5.5

← 5 →

※全部使用3/0号针编织

连编花片

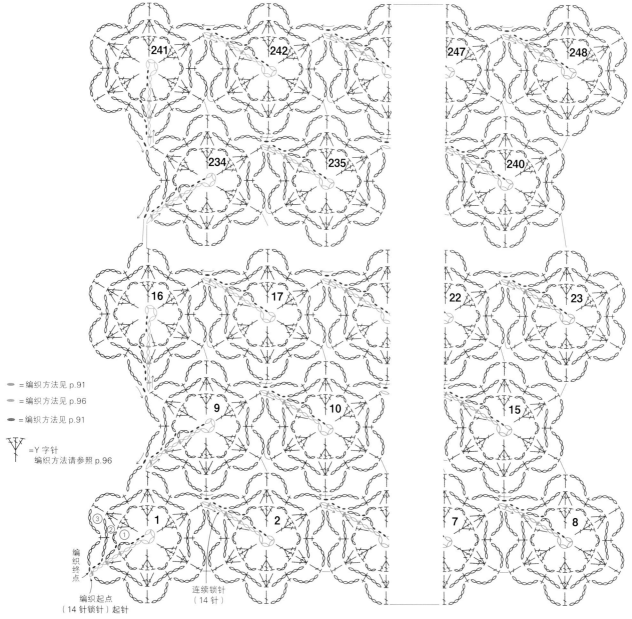

= 编织方法见 p.91

= 编织方法见 p.96

= 编织方法见 p.91

= Y字针
编织方法请参照 p.96

编织终点

编织起点
(14针锁针)起针

连续锁针
(14针)

※第3圈的短针是将前一圈针目夹在中间，在第1圈里挑针编织

= 钩完长针后，从钩针上取下针目，
然后将钩针从上方插入准备连接的长针头部，再将刚才取下的针目拉出
编织方法请参照 p.97

梯形披肩 … p.7

[材料]
芭贝 Puppy New 3PLY 黄绿色（369）110g

[工具]
钩针4/0号

[成品尺寸]
宽45cm，长142.5cm

[密度]
花片的直径 7.5cm

编织要点
使用no.46连编花片的符号图编织。锁针起针后开始编织。横向连接19个花片，然后一边在两侧各减1个花片，一边纵向连续编织6排花片。

（连编花片）

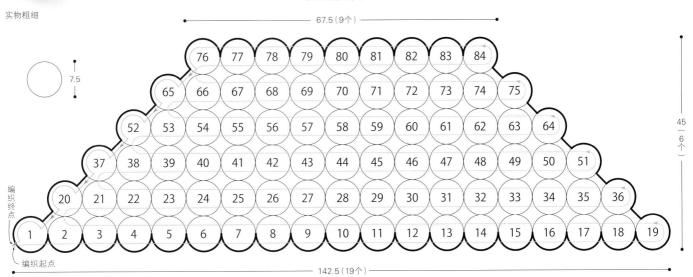

※全部使用 4/0 号针编织

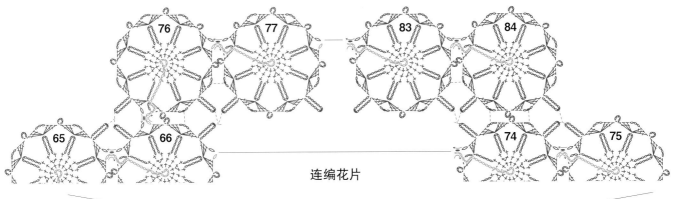

连编花片

= 编织方法见 p.91
= 编织方法见 p.91
= 编织方法见 p.92

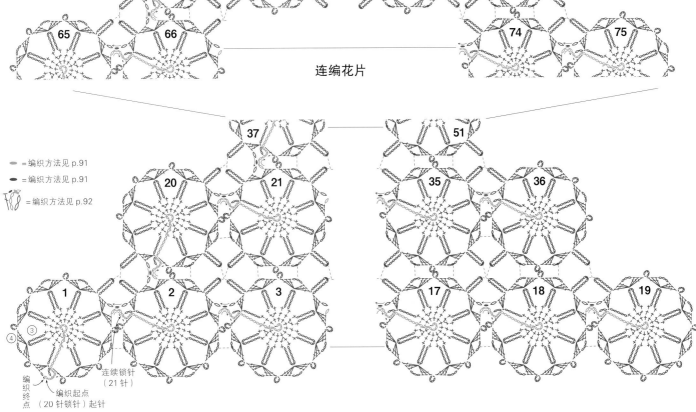

牵牛花与向日葵花片套头衫 … p.9

实物粗细

[材料]
和麻纳卡 中细纯羊毛 线的色号、色名和使用量请
参照图表

[工具]
钩针3/0号

[成品尺寸]
胸围96cm，衣长49cm，连肩袖长61cm

[密度]
1个花片的大小 6cm×6cm

编织要点

使用no.25连编花片的符号图编织，不过配色的圈数
不同。将花片预先编织好中心部分的第1~4圈。接
着一边注意花片的配色，一边参照图示连续编织第5
圈。最后在下摆、袖口、领窝编织1行边缘调整形状。

线的使用量

灰色（27）	105g
驼色（4）	
灰黄色（33）	各45g
浅蓝色（34）	
翠蓝色（39）	
深棕色（5）	
深灰色（28）	各25g
藏青色（19）	
灰蓝色（48）	

花片的配色和个数

	第1、2圈	第3、4圈	个数
A	灰蓝色	浅蓝色	48
B	深棕色	灰黄色	49
C	藏青色	翠蓝色	49
D	深灰色	驼色	48

※第5圈用灰色线连续编织

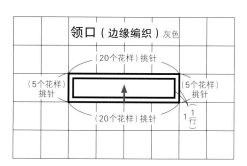

（连编花片）

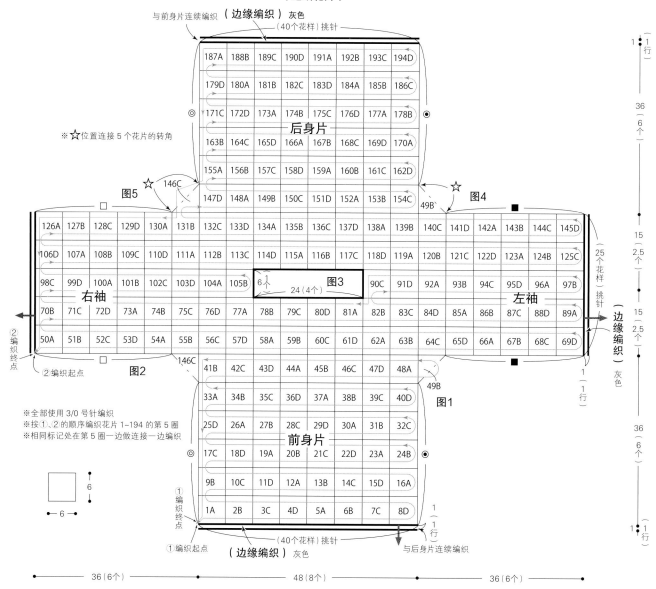

※全部使用3/0号针编织
※按①、②的顺序编织花片1~194的第5圈
※相同标记处在第5圈一边做连接一边编织

104

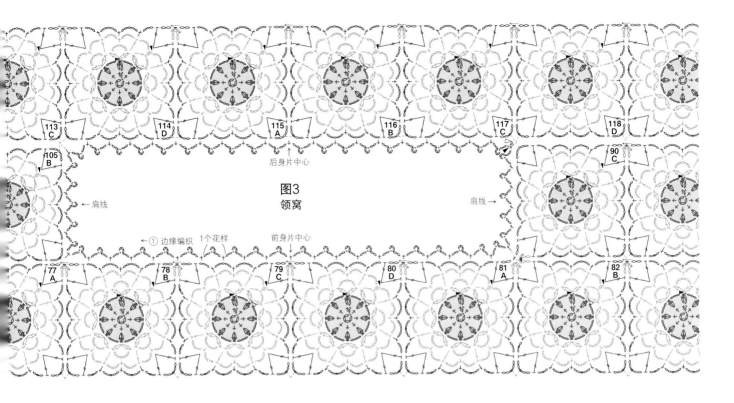

图3
领窝

连编花片

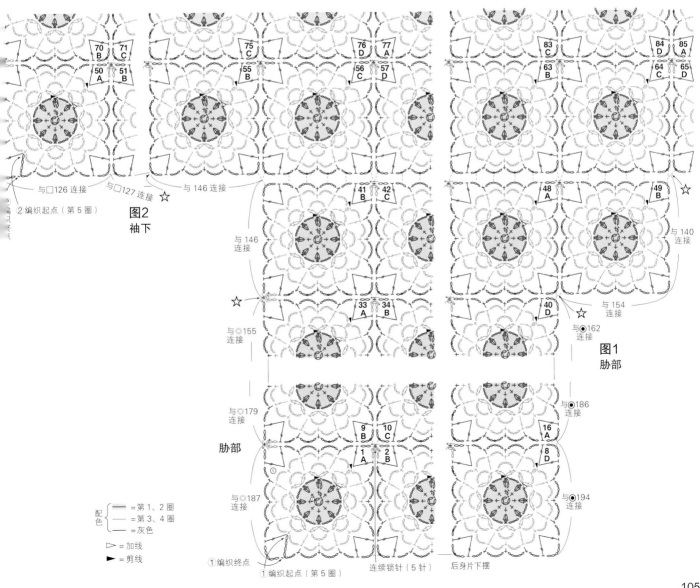

图2
袖下

图1
胁部

胁部

配色
= 第1、2圈
= 第3、4圈
= 灰色

▷ = 加线
▶ = 剪线

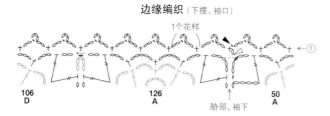

边缘编织（下摆、袖口）

1个花样

106
D

126
A

50
A

胁部、袖下

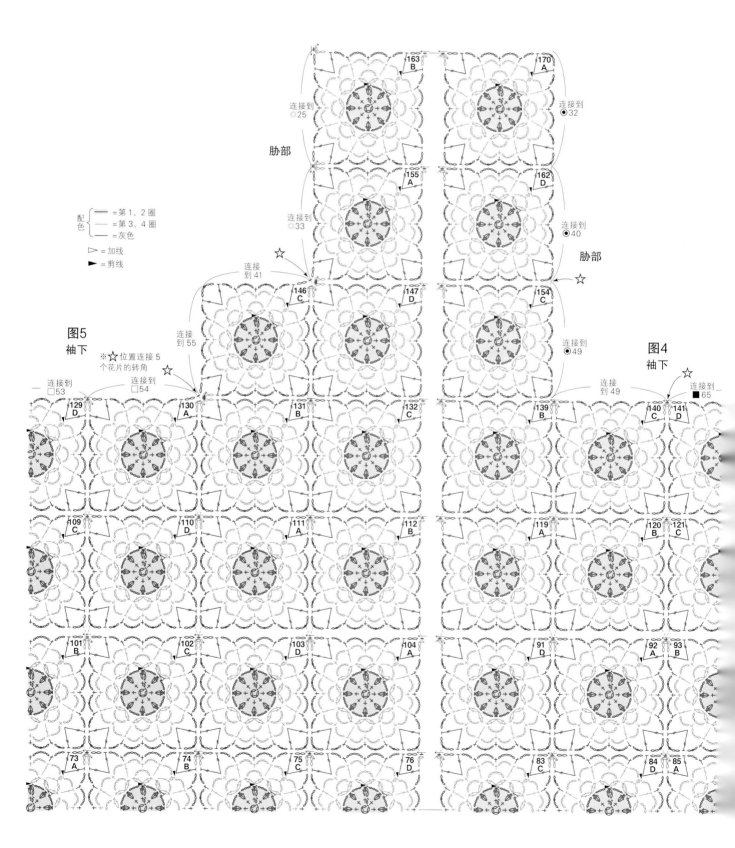

配色
= 第1、2圈
= 第3、4圈
= 灰色

▷ = 加线
▶ = 剪线

图5
袖下
※☆位置连接5
个花片的转角

实物粗细

松软的马海毛开衫 ⋯ p.8

[材料]
芭贝 Kid Mohair Fine 浅蓝色（25）135g
长25mm的别针 1个
[工具]
钩针4/0号、3/0号
[成品尺寸]
胸围108cm，衣长45.5cm，连肩袖长48cm
[密度]
1个花片的大小（4/0号针）6cm×7cm

编织要点
使用no.57连编花片的符号图编织。先按1~43的编号
顺序编织后身片。然后从左袖的花片44开始编织，一
边在第4圈与后身片做连接一边继续编织。完成右前
身片后，接着编织左前身片。注意花片130和175的连
接位置有变化。制作胸花时，编织2个花片，参照图示
组合后缝上别针。

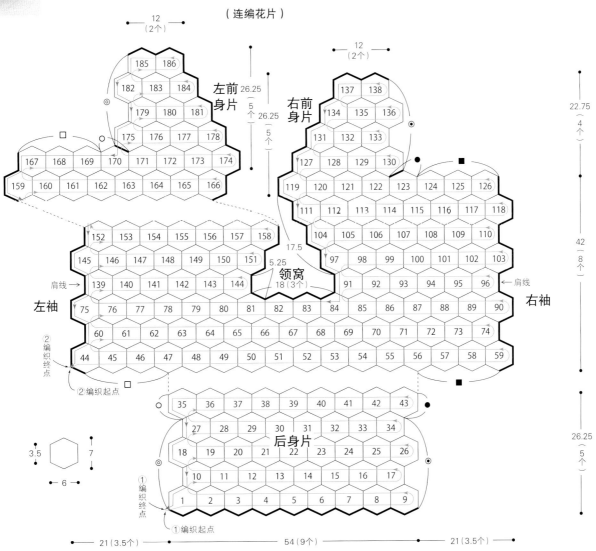

（连编花片）

※除指定以外均用 4/0 号针编织
※按①、②的顺序编织花片1~186
※相同标记处一边做连接一边编织

胸花 3/0号针 2个

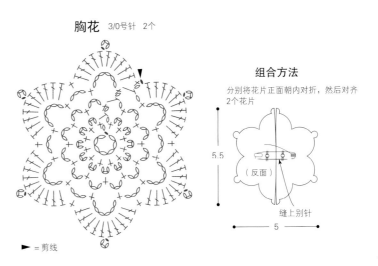

► = 剪线

组合方法

分别将花片正面朝内对折，然后对齐
2个花片

（反面）

缝上别针

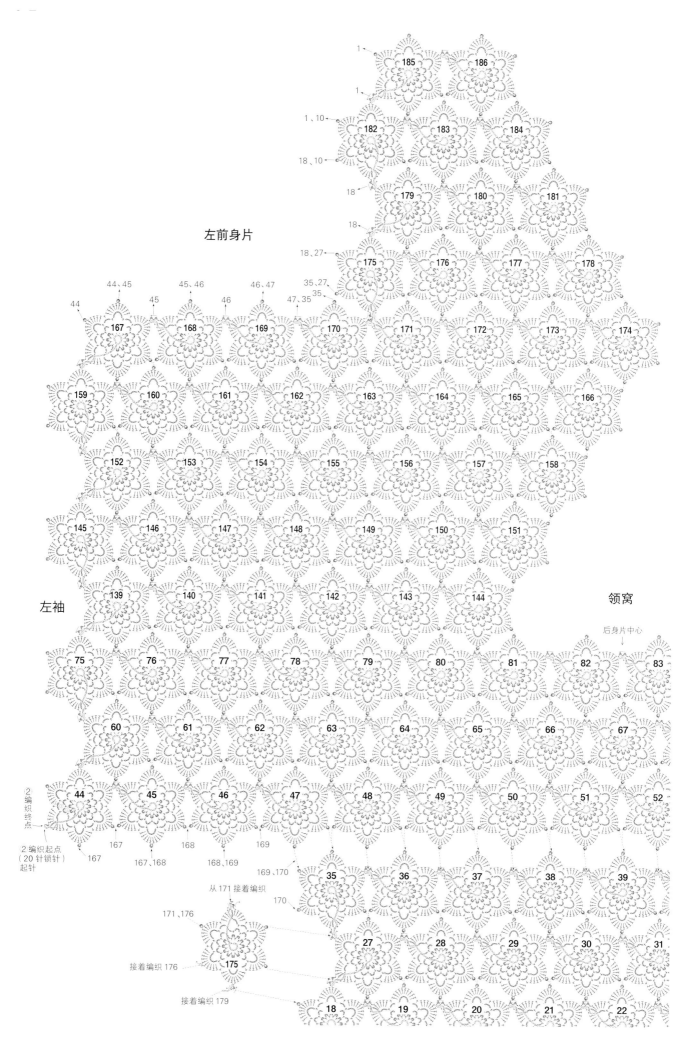

左前身片

左袖

领窝

后身片

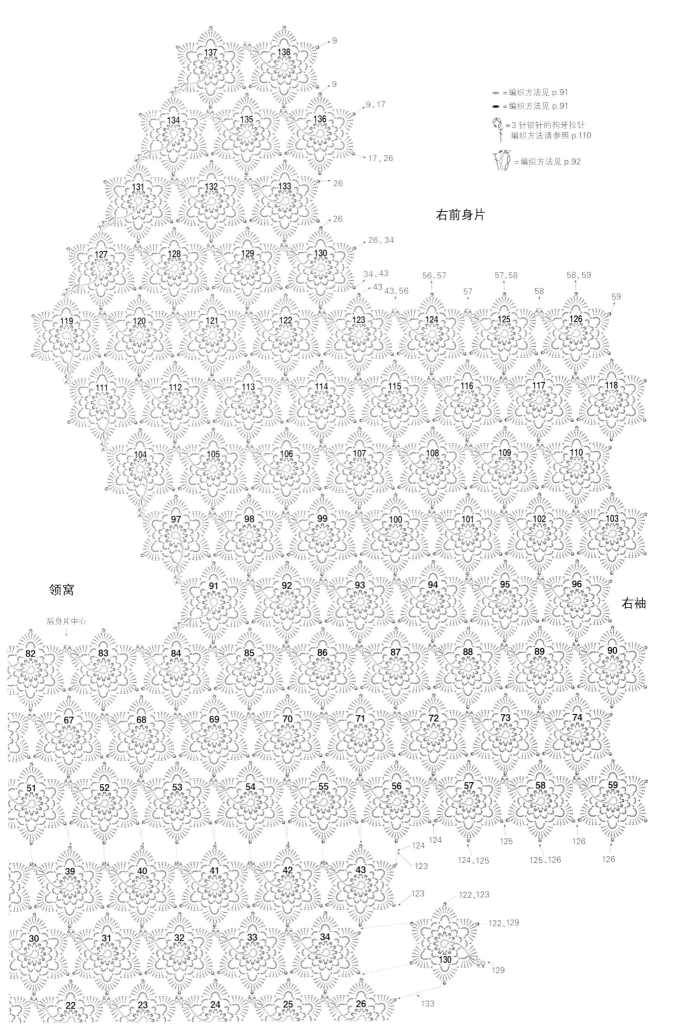

右前身片

= 编织方法见 p.91
= 编织方法见 p.91
= 3 针锁针的狗牙拉针 编织方法请参照 p.110
= 编织方法见 p.92

领窝

右袖

后身片中心

后身片

钩针编织基础

手指绕线环形起针

1. 在食指上绕 2 圈线，制作线环。

2. 在线环中插入钩针，挂线后拉出。

3. 再次挂线后拉出。

4. 环形起针的环就完成了。此针不计为 1 针。

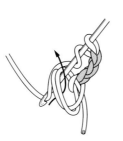
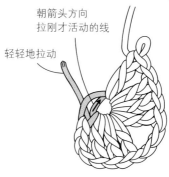

立起的 3 针锁针（相当于 1 针长针）

朝箭头方向拉刚才活动的线

轻轻地拉动

5. 针头挂线，立织 3 针锁针，接着如箭头所示，插入钩针。

6. 接着从线环中拉出线，钩织长针。

7. 第 1 圈结束后，先轻轻地拉动线头，再拉刚才活动的线，最后拉紧线头。

长针的正拉针

1. 针头挂线，如箭头所示将钩针从前面插入前一行长针的根部，将线拉出。

2. 针头挂线，引拔穿过钩针上的前 2 个线圈。

3. 再次针头挂线，引拔穿过钩针上的 2 个线圈。

4. 1 针长针的正拉针完成。

长针的反拉针

1. 针头挂线，如箭头所示将钩针从后面插入前一行长针的根部，将线拉出。

2. 针头挂线，引拔穿过钩针上的前 2 个线圈。

3. 再次针头挂线，引拔穿过钩针上的 2 个线圈。

4. 1 针长针的反拉针完成。

3 针锁针的狗牙拉针

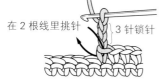

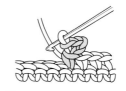

在 2 根线里挑针　3 针锁针

引拔

1. 钩 3 针锁针，在短针的头部以及根部的各 1 根线里插入钩针。

2. 挂线引拔。

3. 3 针锁针的狗牙拉针就完成了。

5 针长针的爆米花针
（从 1 针里挑针）

 拉出针目

1. 在 1 针里钩入 5 针长针，暂时退出钩针，然后依次在第 1 针长针头部的 2 根线以及刚才退出的线圈里插入钩针。

2. 将刚才退出的线圈从第 1 针里拉出。

3. 再钩 1 针锁针收紧针目，5 针长针的爆米花针（从 1 针里挑针）就完成了。

5 针长针的爆米花针
（整段挑针）

 钩入 5 针长针

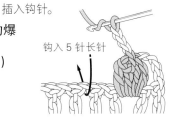 拉出针目

 收紧后的针目

1. 针头挂线，如箭头所示插入钩针，钩 5 针长针后暂时退出钩针。

2. 依次在第 1 针长针头部的 2 根线以及刚才退出的线圈里插入钩针，将该线圈拉出。

3. 再钩 1 针锁针收紧针目。

4. 2 个爆米花针（整段挑针）完成。

花片转角处的连接方法

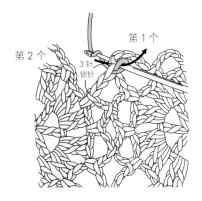
第 2 个
第 1 个
3 针锁针

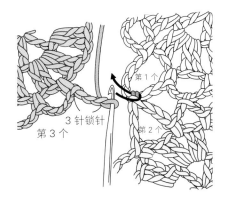
3 针锁针
第 3 个
第 1 个
第 2 个

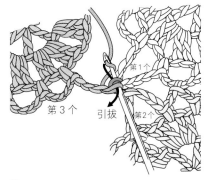
第 1 个
第 3 个
引拔
第 2 个

1. 第 2 个花片编织至连接位置前的 3 针锁针，将钩针从上方插入第 1 个花片的锁针空隙里，整段挑起钩引拔针。

2. 第 3 个花片编织至连接位置前的 3 针锁针，将钩针从上方插入第 2 个花片引拔针根部的 2 根线里。

3. 挂线引拔。第 4 个花片也在相同位置引拔。

罗纹绳的编织方法

1. 留出 3 倍于想要编织长度的线头，起 1 针锁针。将线头从前往后挂在钩针上。

2. 针头挂线，引拔穿过刚才挂在钩针上的线头和 1 个线圈。

3. 将线头从前往后挂在钩针上。

4. 针头挂线，引拔穿过针上的线头和 1 个线圈。

5. 重复步骤 3、4，最后从锁针里引拔拉出。

使用线材一览表

使用线	成分	规格	线长	线的粗细	适用钩针号数
大同好望得（DAIDOH FORWARD）株式会社 芭贝（PUPPY）事业部　东京都千代田区外神田 3-1-16 DAIDOH LIMITED 大厦 3 楼 电话 03-3257-7135					
Kid Mohair Fine	马海毛 79%（使用优质幼马海毛）、锦纶 21%	25g/ 团	约 225m	极细	0~3/0 号
Puppy New 3PLY	羊毛 100%（防缩加工）	40g/ 团	约 215m	细	1/0~3/0 号
和麻纳卡（HAMANAKA）株式会社 京都府京都市右京区花园数之下町 2-3　电话 075-463-5151					
Aprico	棉（超长棉）100%	30g/ 团	约 120m	中细	3/0~4/0 号
亚麻线（Linen）30	亚麻 100%	30g/ 团	约 50m	中粗	5/0 号
和麻纳卡中细纯羊毛	羊毛 100%	40g/ 团	约 160m	中细	3/0 号
手织屋　大阪市北区天神桥 2-5-34 电话 06-6353-1649					
Original M Silk	真丝 100%	100g/ 桄	约 670m	粗	4/0~5/0 号
Tapi Wool（样片）	羊毛 100%	50g/ 桄	约 240m	中细	3/0~4/0 号

ITO O KIRAZU NI AMERU LENZOKU MOTIF NO HON(NV 70569)

Copyright©NIHON VOGUE-SHA 2020 All rights reserved.

photographers:NORIAKI MORIYA

Original Japanese edition published in Japan by NIHON VOGUE Corp.

Simplified Chinese translation rights arranged with BEIJING BAOKU INTERNATIONAL CULTURAL DEVELOPMENT Co.,Ltd.

备案号：豫著许可备字 -2020-A-0168

图书在版编目（CIP）数据

无须断线！一根线钩到底的连编花片 / 日本宝库社编著；蒋幼幼译. —郑州：河南科学技术出版社，2021.5（2024.10重印）

ISBN 978-7-5725-0391-7

Ⅰ.①无…　Ⅱ.①日…②蒋…　Ⅲ.①绒线-编织-图集　Ⅳ.①TS935.52-64

中国版本图书馆CIP数据核字（2021）第061087号

出版发行：河南科学技术出版社
地址：郑州市郑东新区祥盛街27号　邮编：450016
电话：（0371）65737028　65788613
网址：www.hnstp.cn

策划编辑：刘　欣
责任编辑：梁　娟
责任校对：马晓灿
封面设计：张　伟
责任印制：张艳芳
印　　刷：河南新达彩印有限公司
经　　销：全国新华书店
开　　本：890 mm×1 240 mm　1/16　印张：7　字数：160千字
版　　次：2021年5月第1版　　2024年10月第3次印刷
定　　价：49.00元

如发现印、装质量问题，影响阅读，请与出版社联系并调换。